TURING 图灵原创

关键帧 ◎著

U0152700

零基础玩转
Stable Diffusion

人民邮电出版社

北　京

图书在版编目（CIP）数据

零基础玩转Stable Diffusion / 关键帧著. -- 北京：
人民邮电出版社，2024.1
（图灵原创）
ISBN 978-7-115-63186-2

Ⅰ. ①零… Ⅱ. ①关… Ⅲ. ①图像处理软件 Ⅳ.
①TP391.413

中国国家版本馆CIP数据核字(2023)第224325号

内 容 提 要

　　AI 绘画技术的出现，打破了传统绘画的边界，不仅提高了专业人员的创作效率，也为普通人的想象插上了翅膀。Stable Diffusion 是一款免费的开源绘画工具，将它部署到计算机上，你就可以通过文字描述来生成绘画作品、改变原有绘画作品的风格，还可以让原本模糊的图片变得清晰。本书面向所有对 AI 绘画感兴趣的读者，以实际操作为导向，"手把手"带领大家学习 Stable Diffusion 的本地部署和各种基本技巧，读者跟着操作就能学会，无须具备任何编程基础。让我们一起使用本书探索艺术的边界，创造更多独特的作品吧！

　　◆ 著　　　　关键帧
　　　　责任编辑　王军花
　　　　责任印制　胡　南
　　◆ 人民邮电出版社出版发行　　北京市丰台区成寿寺路11号
　　　　邮编　100164　　电子邮件　315@ptpress.com.cn
　　　　网址　https://www.ptpress.com.cn
　　　　雅迪云印（天津）科技有限公司印刷
　　◆ 开本：800×1000　1/16
　　　　印张：14.75　　　　　　　　2024年1月第 1 版
　　　　字数：329千字　　　　　　 2024年1月天津第 1 次印刷

定价：99.80元

读者服务热线：(010)84084456-6009　印装质量热线：(010)81055316
反盗版热线：(010)81055315
广告经营许可证：京东市监广登字 20170147 号

本书介绍了使用 Stable Diffusion WebUI 进行 AI 绘画的技巧和方法，适合大多数有计算机使用经验的读者。

为什么要写这本书

AI 技术的突破让各种 AI 绘画产品竞相走进大家的视野。用户只需要输入简单的提示词，这些产品就能生成各种类型和风格的高品质图像，让没有学习过绘画、摄影、设计等相关知识的普通用户也能创作出高质量的作品，也为图像生成领域带来了巨大变革。

未来，随着 AI 技术的继续迭代和发展，AI 绘画必将在更加广泛的场景中得到应用，从而赋能甚至替代大量的传统人力岗位。在这样的技术变革面前，我们最好的选择就是抓住机会去顺应趋势，学习和应用这些新技术，并跟随着技术的演进探索和迎接新的机遇。

编写这本书的目的便是期望在这样的时代背景下和大家一起敲开 AIGC 技术的大门，开始探索这个让人惊叹的新世界。

为什么选择 Stable Diffusion

　　Stable Diffusion 对于普通用户来讲使用门槛较低，除了可以在云服务器上运行外，它还可以运行在大多数配备合适 GPU 的个人计算机上。

　　此外，Stable Diffusion 开源了项目代码和模型权重，这样一来，广大的开发者可以方便地进行二次开发，做插件或者做工具，极大地丰富 Stable Diffusion 的功能和特性。而对于想要使用 Stable Diffusion 来进行 AI 绘画的用户来说，开源意味着更大的灵活性和自由度，我们可以借助 Stable Diffusion 丰富的模型和扩展插件来满足独特的创作需求，这也是我们选择在本书中介绍 Stable Diffusion 的重要原因之一。

这本书讲了什么

　　本书共分为 5 章，循序渐进地带着大家学习 Stable Diffusion 并进行 AI 绘画实战。

　　第 1 章是对 Stable Diffusion 的基本介绍，包括它的技术背景、绘画效果以及应用场景，让大家对它有个大概的了解。

　　第 2 章介绍了如何在各种平台和环境下安装和搭建 Stable Diffusion WebUI 并初次尝试 AI 绘画。

　　第 3 章介绍了 Stable Diffusion WebUI 的基础功能，包括文生图、图生图、局部重绘等。

第 4 章介绍了如何基于 Stable Diffusion WebUI 的开放能力来配置各种额外模型和扩展插件，以满足更加复杂的 AI 绘画需求，比如如何控制 AI 绘画的风格，如何精细控制 AI 绘画的构图结构及内容，如何训练自己的 LoRA 模型，等等。

第 5 章带领大家进行一些 AI 绘画实战，比如生成 AI 模特、生成创意光影字、制作个性化二维码等。

怎么联系作者

AI 绘画技术至今还在快速的迭代和发展中，如果你想和更多 AI 绘画爱好者一同交流最新的技术和应用，或者你在阅读本书的过程中遇到任何问题，可以搜索微信号 "lsdscrewdriver" 加我的微信，或者关注我的微信公众号 @ 关键帧 Keyframe。

致谢

在撰写本书的过程中，我得到了多位朋友的帮助，和你们一起探索 AI 绘画技术是我能够写作本书的基础。谢谢你们这群陪我一起探索的伙伴！

在这里尤其要感谢人民邮电出版社图灵公司的王军花、武芮欣等编辑老师，你们的专业意见给了我莫大的帮助，是你们的努力才使本书最终与广大读者见面。谢谢你们！

此外，我还要感谢我的家人，你们的支持和鼓励是我坚持把书写完的动力。谢谢你们！

最后，我要感谢这本书的读者朋友。在写作和 AI 绘画技术探索方面，我仍需要不断学习，由于本人水平有限，书中难免会有错漏遗缺之处。如果你在书中发现任何问题或缺陷，欢迎及时与我联系予以指正，在此提前对大家表示由衷的感谢！

第 1 章

什么是 Stable Diffusion

什么是 Stable Diffusion？简而言之，Stable Diffusion 是一款 AI 绘画工具。所以，在我们进一步介绍它之前，先要聊聊：AI 绘画是什么。

1.1　AI 绘画简介

2022 年 8 月，在美国科罗拉多州举办了一场新兴数字艺术家竞赛，一幅名为《太空歌剧院》的作品获得"数字艺术 / 数字修饰照片"类别的一等奖，如图 1-1 所示。神奇的是，该作品的作者并没有绘画基础，这幅画是他用 AI 生成的。

图 1-1　AI 绘画作品：《太空歌剧院》

　　这一事件展示了 AI 在绘画领域惊人的创造力，让人们见识到，AI 作品不仅可以具有如此精心雕刻般的细节，还可以拥有独特的风格。更重要的是，创作者只要通过自然语言将创作需求描述清楚，就能借助 AI 生成高品质的作品。理想在这一刻照进了现实，这一重大突破让很多曾经拥有画家梦、艺术家梦的人热血沸腾！

　　那什么是 AI 绘画呢？ AI 绘画是指使用人工智能算法生成图像或绘画作品，它基于机器学习模型，可以接受不同的提示词、引导图等作为输入参数来生成各种风格和内容的视觉艺术品。比如，图 1-2 就是给 AI 输入提示词 a cute cat 得到的绘图结果。

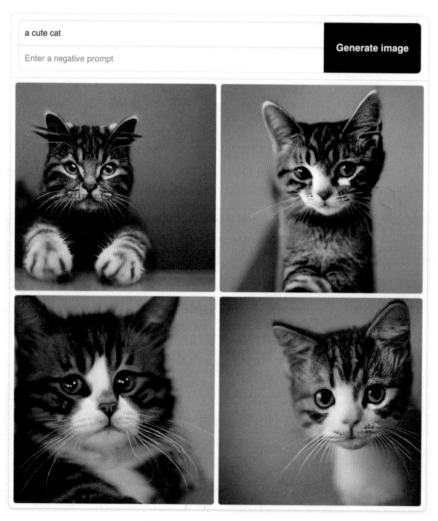

图 1-2　AI 绘画：a cute cat

几个基础单词构成的一行简单文本就能生成质量相当不错的图片，这无疑是一次重大的技术突破，大大提升了图像视觉类内容的生产效率。

当然，AI 绘画的技术突破不是一蹴而就的。中国信息通信研究院和京东探索研究院在 2022 年 9 月发布了《人工智能生成内容（AIGC）白皮书》，这里的 AIGC 指的是 Artificial Intelligence Generated Content，即人工智能生成内容，AI 绘画就是 AIGC 的一个分支。下面我们结合一些典型事件，一起勾勒 AIGC 及 AI 绘画技术的发展历程。

● **早期萌芽：基于规则、模板或统计模型，AIGC 开启零星实验项目**

1957 年，莱杰伦·希勒（Lejaren Hiller）和伦纳德·艾萨克森（Leonard Isaacson）完成了历史上第一支由计算机创作的音乐作品：弦乐四重奏《伊利亚克组曲》。实现方式是利用计算机随机生成大量音符序列，然后根据一定的乐理规则，比如限定旋律范围、和声规则、节奏模板等，对这些随机序列进行筛选和编辑，这样反复迭代，不断地通过人工干预来调整算法和规则，从而生成了最终的乐谱。

1966 年，约瑟夫·魏岑鲍姆（Joseph Weizenbaum）和肯尼斯·科尔比（Kenneth Colby）共同开发了世界上第一款可对话的机器人 Eliza（伊莉莎）。实现原理是扫描用户的输入，识别其中的关键词或短语，然后将它们与预定义的规则进行匹配，给出对应的回答。这里预定义的规则通常是一些简单的模式匹配规则。通过这种方式，Eliza 可以模拟人类对话的一些基本特征，比如提问、回答、反馈。虽然在现在看来，Eliza 的技术实现非常简单，但当时 Eliza 引起了广泛的关注和讨论，甚至被一些人认为是具有人工智能的机器人。

20 世纪 80 年代，IBM 创造了语音控制打字机 Tangora（坦戈拉），它能够处理约 20000 个单词。Tangora 基于隐马尔可夫模型（Hidden Markov Model，HMM）建立统计语言模型，用于处理口语表达方式的语音输入。在语音转文字的过程中，Tangora 使用了一个预先定义好的词典，根据频率信息建立起词与词之间的转移概率。当输入一段语音时，Tangora 会提取这段语音的特征，将其输入统计语言模型中寻找发音分类，然后再根据词典和统计模型，搜索最可能的词序列进行文本输出。

通过上面的事件我们可以知道，在早期萌芽阶段，AIGC 技术主要**依靠预先设定的规则、模板或者统计模型进行简单的内容生成**，这里有几点局限性：(1) 产品表现非常依赖输入内容的质量；(2) 能处理的信息量有限；(3) 能够接触到这些实验性产品的都是具备相关专业知识的科研人员或工程师，产品很难触达普通用户。

● **沉淀积累：深度学习算法突破，AIGC 逐渐从实验性向实用性转变**

在这个阶段，AI 技术在各个层面开始加速发展。在硬件层面上，张量处理器（Tensor Processing Unit，TPU）、图形处理器（Graphics Processing Unit，GPU）等算力设备的性能不断提升；在数据层面上，互联网使用的数据规模快速膨胀并为各类人工智能算法提供了海量训练数据；在 AI 算法层面上，模仿人脑神经网络工作模式并结合了计算机科学与统计学的人工神经网络（Artificial Neural Network，ANN）技术不断迭代发展，基于多层神经网络的深度学习算法在图像识别、语音识别、自然语言处理等领域也取得了重大突破。

得益于技术的发展，AIGC 相关的应用也开始从实验性逐渐转向实用性。2007 年，纽约大学人工智能研究员罗斯·古德温（Ross Goodwin）装配的人工智能系统通过对公路旅行中的所见所闻进行记录和感知，撰写出世界第一部完全由人工智能创作的小说 *1 The Road*。实现方式是通过训练一个可以生成任意长度文本的神经网络模型，将公路旅行中采集的图像、声音、地理位置等信息作为种子输入模型，生成出文本内容。其实，这部小说的象征意义远大于实际意义，整体可读性不强，出现了拼写错误、辞藻空洞、缺乏逻辑等明显缺点。

2012 年，杰弗里·辛顿（Geoffrey Hinton）教授的课题组构建的卷积神经网络（Convolutional Neural Network，CNN）模型 AlexNet 在参加业界知名的 ImageNet 图像识别大赛中以碾压第二名的态势一举夺得冠军，使深度学习算法得到工业界的关注，迅速开始在工业界应用开来。

同年，微软公开展示了一个基于深层神经网络（Deep Neural Network，DNN）的全自动同声传译系统，该系统在发布会现场自动将演讲者的英文演讲内容实时转换成了与他音色相近的字正腔圆的中文语音，效果流畅，赢得了参会人员的一片掌声。

可以看到，随着技术的突破，AI 在图像识别、语音识别、自然语言处理等领域已经开始出现效果不错的应用，更多的普通用户接触到集成了这些 AI 能力的产品，比如语言翻译工具、人脸识别系统，等等。但是，由于算法瓶颈的限制，AI 还无法较好地完成内容创作类型的任务，相关的应用非常有限，效果也有待提升。

● **快速发展：生成对抗网络的提出和发展，AIGC 效果显著提升**

2014 年，伊恩·古德费洛（Ian J. Goodfellow）等人提出了一种无监督机器学习的方法：生成对抗网络（Generative Adversarial Network，GAN），该方法由两个神经网络用相互博弈的方式进行学习，这种方法在图像生成方面效果显著。

随后，在生成对抗网络这个方向上产生了许多流行的框架。2018 年，Andrew Brock 和 DeepMind 发布了 BigGAN，首次用生成对抗网络生成了具有高保真度和低品种差距的图像，生成的图像效果能以假乱真。同年，英伟达发布了以风格转移技术为核心的可以自动生成图片的 StyleGAN 模型，该模型在面部生成任务中创造了新记录，而且还可以生成高质量的汽车、卧室等图像。目前 StyleGAN 模型已经升级到第四代 StyleGAN-XL，人眼难以分辨它生成的高分辨率图片是真是假。2019 年，DeepMind 又发布了 DVD-GAN，它能够生成高分辨率和具备连贯性的视频。DVD-GAN 将图像生成模型 BigGAN 扩展到视频领域，同时使用多项技术进行加速训练，它生成的视频效果在草地、广场等明确的场景下表现突出。

随着以生成对抗网络为代表的 AI 算法不断迭代更新，模型生成的图像效果提升显著，甚至逼真到人们难以分辨真假的地步，这让 AIGC 这个方向迎来了新时代。内容生成类应用也开始走到了普通用户面前，比如风靡一时的视频换脸、真人变漫画特效，等等。不过，这些被大多数普通用户感知到的应用场景还比较狭窄，用户还无法获得较大的创作自由度。

- 破圈起飞：扩散模型突破，AIGC 出圈推向平民化并显现商业化前景

在 2015 年的时候，Jascha Sohl-Dickstein 等人基于非平衡热力学提出过一个纯数学的生成模型：扩散模型（Diffusion Model，DM）。此后，经过技术发展和实现，扩散模型可以应用于多样任务，如图像去噪、图像修复、超分辨率成像、图像生成，等等。一个图像生成模型经过对自然图像扩散过程的反转训练，可从一张完全随机的噪声图像开始逐步生成新的自然图像。此外，扩散模型的算法还允许在图像生成过程中添加引导机制来控制生成结果，不需要重新训练整个模型就能满足模型的调优。但是，由于扩散模型通常是直接在像素空间中运行的，所以对模型进行调优往往时间成本和金钱成本都非常高。

2021 年，Robin Rombach 等人所在的 CompVis 研究团队在扩散模型的基础上提出了一种潜在扩散模型（Latent Diffusion Model，LDM）它是扩散模型（DM）的一个变体，通过技术改进显著降低了模型训练和生成图像的计算成本，使得在有限的计算资源上运行模型成为可能。

从 2022 年开始，基于潜在扩散模型的 AI 绘画产品相继出现。

❑ OpenAI 推出了 DALL-E 的升级版本 DALL-E 2，该模型主要应用于文本与图像的交互生成内容，用户只需要输入简短的描述性文字，DALL-E 2 即可创作出极高质量的卡通、写实、抽象等风格的绘画作品。

❑ 美国初创公司 Midjourney Lab 推出的 AI 绘画工具 Midjourney，该工具架设在 Discord 频道上，使用方法很简单，进入 Midjourney 的 Discord 频道，在频道对话框输入自然语言提示词，系统就会在对话框里发送生成的图。于是该工具迅速流行起来，在一年的时间内就积累了上千万用户。

□ Stability.ai 推出 Stable Diffusion 并将其开源，Stable Diffusion 在搭载了一定性能显卡的个人电脑上即可驱动，且出图效果经过反复迭代有着显著改进，从而把 AIGC 创作最终推向平民化。

可以发现基于潜在扩散模型推出的 AI 绘画工具可以准确把握文本信息进行创作，只需通过简单的提示词就能在短时间内成高质量图片，这种简易的交互方式和生产速度将 AIGC 的使用成本大大降低，而创作自由度却得到了极大提升。对普通用户来讲，简单的一句话，就能生成与之对应的高质量图像，这种"言出法随"的效果被大家称为"魔法"。伴随着大量用户的广泛认可，AIGC 随着 AI 绘画的火爆而出圈，开始显现出令人期待的商业化前景。目前，国内外互联网巨头和独角兽公司纷纷下场，很多人将 2022 年称为 AI 绘画的元年。

1.2 Stable Diffusion 简介

在当下流行的 AI 绘画工具中，Midjourney 和 Stable Diffusion 是风头最盛的，它们在产品策略上各有长处。

Midjourney 的优势在于它通过 Discord 来构建自己的 AI 绘画社区，这个策略一方面使得用户能够在社区互相学习提示词的使用技巧，从而激发用户的兴趣，刺激产品的传播；另一方面通过庞大的用户数量积累了独有的数据集，进而可以根据用户需求有针对性地训练模型并快速进行产品迭代，形成正反馈循环。

Stable Diffusion 的厉害之处在于它可以在运行于大多数配备有合适 GPU 的个人计算机上，而且，它开源了项目代码和模型权重。这样一来，开发者就可以在它的基础上进行二次开发、做插件、做工具，这就有了如今结合 Stable Diffusion 流行起来的 Stable Diffusion WebUI、LoRA、ControlNet 等开源项目。这就相当于给 Stable Diffusion 的发展增加了大量的盟友，极大地丰富了它的功能和特性。

对于想要使用 Stable Diffusion 来进行 AI 绘画的用户来说，开源意味着更大的灵活性和自由度，我们可以借助 Stable Diffusion 丰富的相关模型和扩展插件来满足我们自己独特的 AI 绘画创作需求，这也是我们选择在本书中介绍 Stable Diffusion 的重要原因之一。

Stable Diffusion 是一款在 2022 年发布的支持由文本生成图像的 AI 绘画工具，它主要用于根据文本描述生成对应图像的任务，也可以应用于其他任务，比如对原图像内的部分遮罩区域进行重绘的内补绘制功能（Inpainting）、在原图像外部范围进行延伸画图的外补绘制功能（Outpainting）、在提示词（Prompt）引导下基于输入图像生成新图像的图生图功能等。

1.2.1 Stable Diffusion 模型

Stable Diffusion 最核心的部分是它的模型，要理解 Stable Diffusion 所使用的潜在扩散模型背后的技术细节需要一定的算法基础，而探索这些细节并不是本书的目的，因此我们在这里只用尽量简要的语言介绍一下扩散模型的训练过程，帮助大家对它建立一个大概的印象。

(1) 扩散模型的训练需要先找到大量高质量的图像数据，训练时先进行正向扩散，即对每张图像按照高斯噪声公式逐步向数据中添加噪声，直到整张图像变成一张全是噪声的图像（噪声数据）。在这个训练的过程中，会记录所有步骤，然后用神经网络来反向学习噪声分布和数据分布之间的关系，即学习如何给一个全是噪声的图像降噪，生成一张高清图像，如图 1-3 所示。

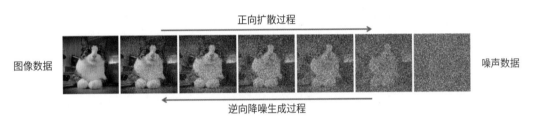

图 1-3 扩散模型训练过程

(2) 所有高质量图像都经过步骤 (1) 后，就会得到一个训练好的扩散模型，机器就可以通过噪声来对图像进行预测。这样一来，整个绘画的过程就是 AI 用一组随机噪声（随机数）来预测基于它们能画出一个什么样的图像，即从一堆凌乱的随机数中画出图像。这是一个大力出奇迹的过程，但厉害的是最终能产出清晰度非常高和细节较为完美的图像。

扩展阅读

Stable Diffusion 模型的发布经历了这样几个节点。

(1) 2021 年，在潜在扩散模型论文 *High-Resolution Image Synthesis with Latent Diffusion Models* 相关工作的基础上，CompVis 团队与商业公司 Stability AI、Runway 合作，在 Stability AI 的资助和人工智能领域的非营利组织 LAION 的帮助下，基于大规模图文数据集 LAION-5B 的一个 512×512 的子集训练出了 Stable Diffusion 模型的 v1 版本，并后续迭代发布了多个 v1.x 版本的 Checkpoint。

(2) 2022 年，Stability AI 公司在上述 Stable Diffusion 模型的基础上继续迭代和增强，推出了 Stable Diffusion 模型的 v2 系列版本。Stability AI 同时也将该项目开源并推向了市场。

Stable Diffusion 模型是从无到有训练的大模型，其训练成本相当高昂。Stability AI 创始人兼 CEO Emad Mostaque 曾表示，训练该模型使用了 256 块英伟达 A100 显卡，成本约 60 万美元。

(3) 2023 年，Stability AI 公司又推出了 Stable Diffusion XL 版本。在这个版本中，用户可以使用更简短的提示词实现 AI 绘画，并且该版本支持从图像中生成单词。此外，XL 版本还支持更强的图像组合和人脸生成，有着更优秀的视觉效果，真实感大大提升。

1.2.2 Stable Diffusion 的绘图效果

在正式开始上手使用 Stable Diffusion 进行创作前，我们来看几幅由 Stable Diffusion 创作的图片，如图 1-4～图 1-7 所示。

图 1-4　港口

图 1-5　底下洞穴的水晶沉积物

图 1-6　甜美风小姐姐

图 1-7　二次元小姐姐

　　我第一次见到这种 AI 绘画的效果时,被深深震撼到了:难道未来插画师、摄影师不存在了?没有学习过绘画的普通用户也能创作出这样的作品吗?前一个问题,在不同人心里可能有着不同的答案;但后一个问题,我可以告诉你,是的!

　　本书面向没有绘画基础与技术背景的普通用户,带领大家通过 Stable Diffusion 这个产品,打开 AI 绘画世界的大门,一起探索它的可能性。

1.2.3　Stable Diffusion 的应用场景

　　通过前面的内容,我们已经对 Stable Diffusion 有了一个初步的了解,那么 Stable Diffusion 作为一款强大的 AI 绘画工具,可以用在哪些场景呢?

- ❑ **数字艺术创作**。Stable Diffusion 作为一款 AI 绘画工具,可以辅助绘画工作者进行创作。例如,Stable Diffusion 结合图生图、ControlNet 等能力,可以根据艺术家的涂鸦或线稿,为作品自动上色或生成草稿,大大提高艺术创作的效率。
- ❑ **游戏设计**。Stable Diffusion 可以辅助设计师设计游戏中的素材,如角色、场景、道具等。设计师只需要提供概念素材,Stable Diffusion 就可以生成多种不同风格的画面,然后设计师进行选择和修改即可,这样可以节省游戏素材设计的时间成本。
- ❑ **广告创意**。Stable Diffusion 可以快速产生多种创意方案和视觉效果供广告人选择和融合,这可以有效地拓展创意设计的思路。

❑ **教育应用**。Stable Diffusion 绘画工具也可以用于制作绘本，帮助学生学习绘画技巧。例如，Stable Diffusion 可以根据学生的绘画进度和水平提供个性化的绘画指导、练习和作业，这样可以增强学生的学习兴趣和体验。

❑ **定制商品**。电商平台可以使用 Stable Diffusion 为用户定制各种商品，如衣服、手机壳等。用户只需要提供一张图片或概念素材，Stable Diffusion 就可以生成大量个性化设计方案以供选择，满足用户的个性化定制需求。

❑ **界面设计**。Stable Diffusion 可以快速生成多种界面样式，供设计师参考，这样可以拓展设计师的创意，尤其在初期概念设计阶段非常有用。

❑ **室内设计**。Stable Diffusion 还可以生成风格多样的室内装修方案，为设计师提供创意参考。同样，借助 Stable Diffusion 的能力，可以在初期快速给客户提供大量的选择，大大提升设计师的工作效率。

我们列出的只是 Stable Diffusion 的一部分应用场景，随着相关技术的进步，Stable Diffusion 的应用场景还会越来越广泛，成为大家提高创造力和生产力的好帮手。当然，艺术创意和审美判断仍然需要人类的专业知识和审美眼光，只有人与机器更好地结合、互补，设计领域才可以发展得更好。

第 2 章

Stable Diffusion 安装和配置

作为普通用户，想要上手把 Stable Diffusion 用起来，就需要一套基于 Stable Diffusion 搭建的用户操作界面。

下面是一些已经提供了用户界面的 Stable Diffusion 产品。

❑ Draw Things：一款基于 Stable Diffusion 模型的 AI 绘画应用，可以在苹果手机（iPhone XS 或更新机型，系统版本不低于 iOS 15.4）和苹果电脑（采用 M1 或性能更高的处理器芯片，系统版本不低于 macOS 12.4）上免费使用，且支持离线运行，界面如图 2-1 所示。

图 2-1　Draw Things 界面

❑ Dream Studio：Stability AI 公司官方提供的 Web 端 Stable Diffusion 绘画产品，界面如图 2-2 所示。此外，Stability AI 还发布了 Dream Studio 的开源版本 Stable Studio。

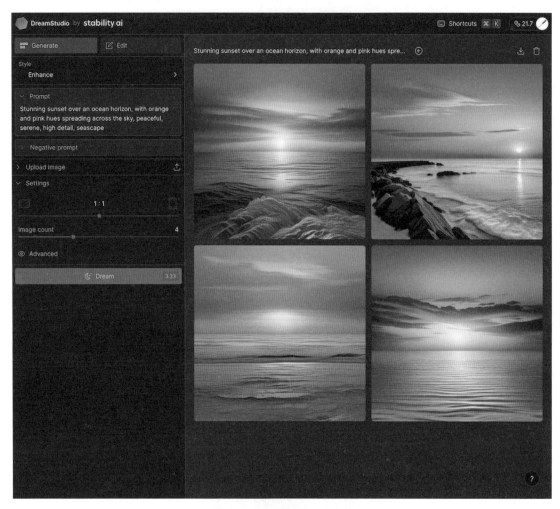

图 2-2　Dream Studio 界面

❑ Stable Diffusion WebUI：一个基于 Gradio 库开发的可以线上使用 Stable Diffusion 的 Web 项目，界面如图 2-3 所示。Gradio 是一个用于实现 AI 算法可视化部署的开源库。简单来讲就是 Stable Diffusion WebUI 提供了一套 Web 页面，让我们可以在网页上使用 Stable Diffusion 的各种能力。

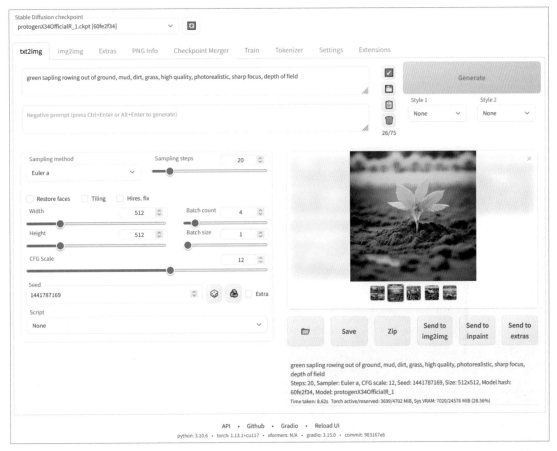

图 2-3　Stable Diffusion WebUI 界面

在本书中,我们主要介绍的就是 Stable Diffusion WebUI,因为这个开源项目赢得了用户及开源社区的广泛支持,有非常丰富的扩展插件,这会对我们使用 Stable Diffusion 进行 AI 绘画提供不少帮助。

Stable Diffusion WebUI 可以在 macOS、Windows、Linux 等系统上轻松搭建起来,下面分别介绍一下。

2.1　在 macOS 下安装 Stable Diffusion WebUI

在 macOS 下安装 Stable Diffusion WebUI 时,对硬件有一定的要求,建议设备的芯片为 M1 或者更高级别。

(1) 安装 Homebrew

Homebrew 是一个用于在 macOS 上安装和管理各种软件包的便捷工具，因为在安装 Stable Diffusion WebUI 时，很多依赖包会借助 Homebrew 来进行安装，所以我们先把它装好。

安装 Homebrew 的命令如下：

```
/bin/bash -c "$(curl -fsSL https://raw.githubusercontent.com/Homebrew/install/
HEAD/install.sh)"
```

上面这条命令访问的是国外的安装资源，如果由于网络不稳定无法访问导致安装失败，你可以通过国内的镜像来安装 Homebrew，命令如下：

```
/bin/zsh -c "$(curl -fsSL https://gitee.com/cunkai/HomebrewCN/raw/master/
Homebrew.sh)"
```

安装 Homebrew 的过程如图 2-4 所示。

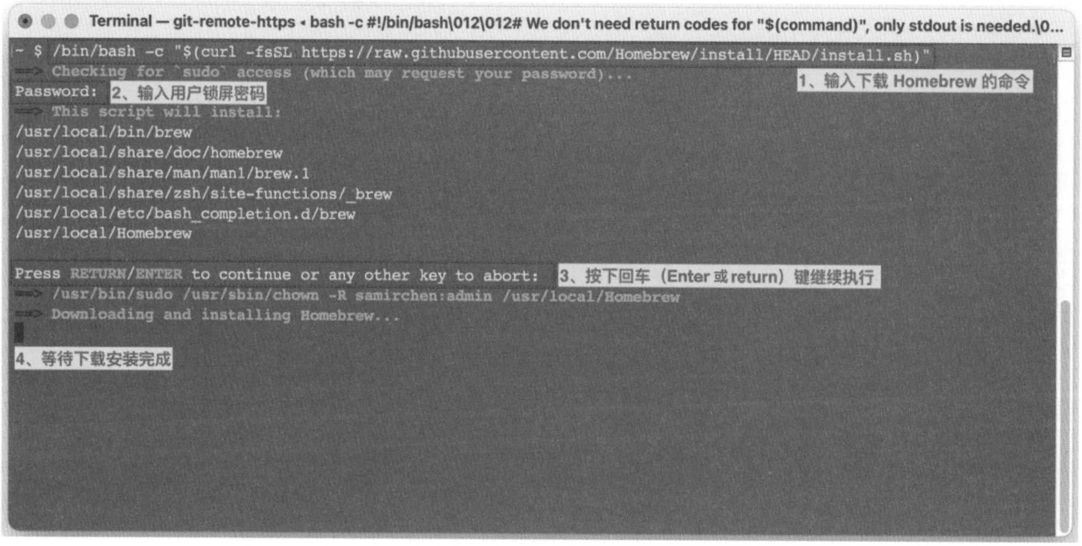

图 2-4　通过命令行安装 Homebrew 的步骤

安装完成后，在命令行界面输入下面这行查看版本信息的命令，即可检测 Homebrew 是否安装成功：

```
brew -version
```

如果成功打印出类似图 2-5 这样的 Homebrew 的版本信息，就说明安装成功。

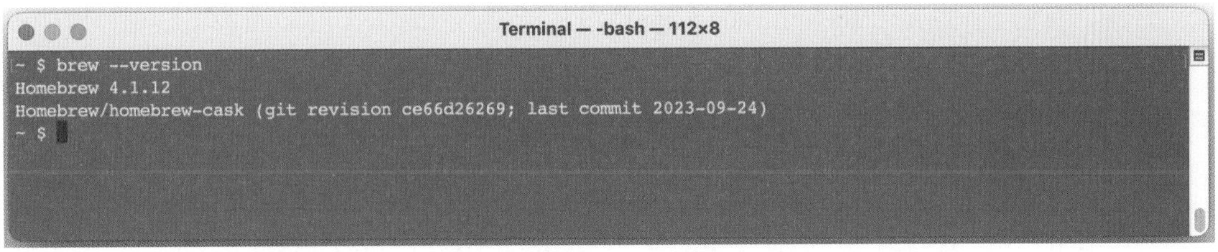

图 2-5　检查 Homebrew 版本

(2) 环境准备：检查 Python 版本，安装依赖库

macOS 自带的 Python 版本一般是 2.x，但我们需要用到 Python 3.10，所以大家务必检查一下，在官网下载并安装新版 Python 即可。另外，我们还需要安装一些其他的依赖库，比如 cmake、protobuf、rust、git、wget 等。

用 Homebrew 就可以直接安装这些依赖库，命令如下，如图 2-6 所示：

```
brew install cmake protobuf rust python@3.10 git wget
```

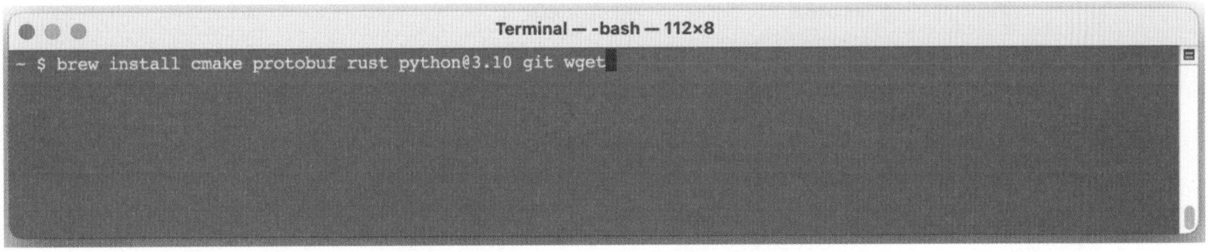

图 2-6　使用 Homebrew 安装依赖库

(3) 项目安装：下载 Stable Diffusion WebUI 项目

我们可以使用如下命令将 Stable Diffusion WebUI 项目从 GitHub 上下载下来，如图 2-7 所示：

```
git clone https://github.com/AUTOMATIC1111/stable-diffusion-webui
```

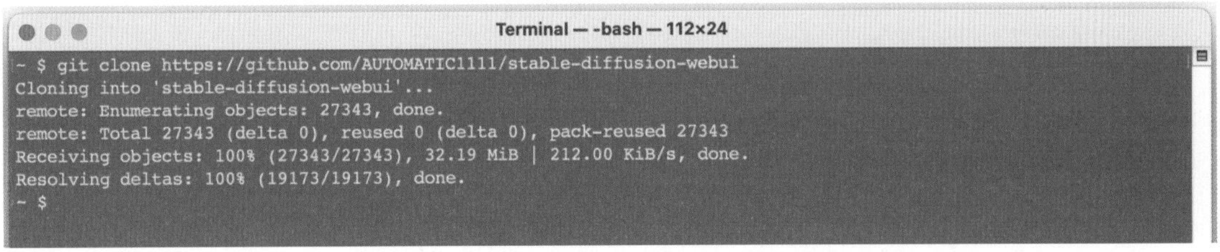

图 2-7　下载 Stable Diffusion WebUI 项目

注意，我们下载的是 stable-diffusion-webui 项目，不包含 Stable Diffusion 基础模型，所以接下来还需要下载和配置基础模型。

(4) 模型配置：下载和配置 Stable Diffusion 基础模型

这里推荐大家从 Hugging Face 下载 Stable Diffusion 基础模型，其中包含很多版本，目前比较流行的是 Runway 公司发布的 Stable Diffusion v1.5 版本，它包含以下两个模型。

- ❑ 绘画版（4.27GB）：仅可以用于绘画，如果你只有绘画需求，下载这个版本即可。
- ❑ 训练版（7.7GB）：可以以此模型为基础训练自己的模型，如果你除了绘画，还想自己训练模型，可以下载这个版本。

大家在上面的两个模型中选择一个适合自己需求的即可。下载完成后，需要将文件放到 Stable Diffusion WebUI 项目的 stable-diffusion-webui/models/Stable-diffusion 目录下，如图 2-8 所示。

图 2-8　Stable Diffusion 模型部署路径

(5) 项目运行：运行 WebUI 项目及安装相关依赖库

完成了上面这些步骤之后，准备工作就告一段落了。接下来就是运行项目和解决依赖库安装的问题。

我们首先使用下面的命令进入 stable-diffusion-webui 文件夹：

```
cd stable-diffusion-webui
```

进入文件夹后，再使用下面的命令来启动项目：

```
./webui.sh
```

具体如图 2-9 所示。

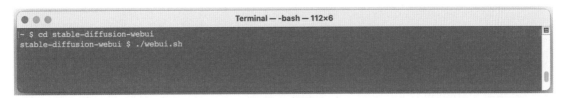

图 2-9　启动项目

这个过程会安装项目需要的依赖库，有时会遇到一些问题，这里有几个建议。

- ❑ 这一步骤需要在能够流畅访问网络的情况下进行，否则依赖库无法下载，会导致安装失败。
- ❑ 如果 Python 3 相关的依赖库报错，可以使用 Homebrew 单独安装，或者使用 pip3 来安装。
- ❑ 其他问题可以到官方的开源页面去寻求帮助。

(6) 项目运行：打开 WebUI 页面

当最后你看到屏幕上打印出 Running on local URL: http://127.0.0.1:7860 的消息，基本上就大功告成了，如图 2-10 所示。

```
Model loaded in 9.7s (load weights from disk: 0.1s, create r
alf(): 2.3s, load VAE: 0.7s, move model to device: 0.9s).
Running on local URL:  http://127.0.0.1:7860

To create a public link, set `share=True` in `launch()`.
```

图 2-10　Stable Diffusion WebUI 运行

在浏览器的地址栏中输入 http://127.0.0.1:7860，按回车键即可打开 WebUI 的界面了。

2.2　在 Windows 下安装 Stable Diffusion WebUI

在 Windows 下搭建 Stable Diffusion WebUI，对显卡和系统也有一些要求：建议系统使用 Windows 10 及以上，配备英伟达显卡并且显存达到 4GB 及以上，内存 8GB 及以上。然后，就可以下载 Stable Diffusion WebUI 项目、依赖的 Python 环境及各种库了。我们在这里介绍两种安装方式。

安装方式 1:

Stable Diffusion WebUI 项目的开源方提供了如下安装流程建议。

(1) 下载 Stable Diffusion WebUI 项目

从 https://github.com/AUTOMATIC1111/stable-diffusion-webui/releases/tag/v1.0.0-pre 下载 Stable Diffusion WebUI 项目压缩包 sd.webui.zip，下载完成后将其解压。

(2) 更新 Stable Diffusion WebUI 项目到最新版本

项目压缩包解压完成后，双击执行解压文件夹中的 update.bat 脚本文件，该程序将自动将项目更新到最新版本，等待它运行完成即可。

(3) 运行 WebUI 项目及安装相关依赖库

双击执行解压文件夹中的 run.bat 脚本文件来启动 WebUI。在第一次启动时较慢，系统和会下载大量的项目依赖库。

当所有依赖都下载完成并安装成功后，你会看到屏幕上打印出 Running on local URL: http://127.0.0.1:7860 的消息，这时候在浏览器的地址栏中输入 http://127.0.0.1:7860，按回车键即可打开 WebUI 的界面了。

安装方式 2:

除了项目开源方提供的安装建议，一些开源爱好者也提供了将 Stable Diffusion WebUI 项目及其依赖的 Python、git 等环境和一些常用插件打包整合起来使用的方案，我们下面就来介绍一下。

(1) 下载 Stable Diffusion WebUI 及其依赖环境的整合包 [①]

整合包内含以下几个部分。

❑ sd-webui-aki-v4.zip：整合包的主体，直接解压即可。其中包含一个名为 A 启动器 .exe 的可执行程序，后面我们将用它来启动整合包的 WebUI，以及下载和管理 Stable Diffusion WebUI 的各种插件和模型。

❑ 启动器运行依赖 -dotnet-6.0.11.exe：A 启动器 .exe 所需依赖的安装器。

❑ 可选 controlnet1.1：ControlNet 1.1 的库，按需下载。

第一次使用整合包前，需要双击运行启动器运行依赖 -dotnet-6.0.11.exe，安装启动器程序 A 启动器 .exe 需要的依赖环境。

(2) 运行 WebUI 项目

整合包已经预置好了基础模型以及一些常用的扩展插件，启动器需要的依赖环境安装好之后，我们打开 sd-webui-aki-v4.1 文件夹，双击 A 启动器 .exe 打开启动的界面，然后直接点击"一键启动"按钮即可启动 Stable Diffusion WebUI 并打开对应的界面了。

2.3　在 Linux 下安装 Stable Diffusion WebUI

在 Linux 下安装 Stable Diffusion WebUI，同样建议配备英伟达显卡并且显存达到 4GB 及以上。

Stable Diffusion WebUI 项目的开源方提供了如下安装流程建议。

(1) 安装 Python 等基础环境

在安装 Stable Diffusion WebUI 前，需要安装 Python 环境以及 wget、git 等依赖库。

根据使用的 Linux 的版本的不同，大家可以选择下面的安装命令：

```
# Debian-based:
sudo apt install wget git python3 python3-venv

# Red Hat-based:
sudo dnf install wget git python3
```

[①] 在公众号"关键帧 Keyframe"后台回复"整合包"即可获得整合包下载地址，大家也可访问图灵社区（iTuring.cn）本书主页下载相关资料。

```
# Arch-based:
sudo pacman -S wget git python3
```

(2) 安装 Stable Diffusion WebUI 及其依赖环境

你想将 Stable Diffusion WebUI 安装在哪个目录下，就在该目录下执行下面的命令来下载项目并安装相关的依赖环境：

```
bash <(wget -qO- https://raw.githubusercontent.com/AUTOMATIC1111/stable-
diffusion-webui/master/webui.sh)
```

第一次下载安装项目及相关依赖环境可能要等待比较长的时间，保持网络畅通，等待安装完成即可。

(3) 下载和配置 Stable Diffusion 基础模型

在项目安装完成后，我们还需要下载和配置 Stable Diffusion 基础模型。我们同样可以从 Hugging Face 下载 Stable Diffusion 基础模型，选择一个适合自己的版本下载即可。下载完成后，同样需要将其放到 Stable Diffusion WebUI 项目的 stable-diffusion-webui/models/Stable-diffusion 目录下，如图 2-11 所示。

图 2-11　Stable Diffusion 模型部署路径

(4) 项目运行：运行 WebUI 项目

配置完模型后，接下来就可以运行 WebUI 项目了。

执行 stable-diffusion-webui 目录中的 webui.sh 脚本即可运行项目：

```
./webui.sh
```

当看到屏幕上打印出 Running on local URL：http://127.0.0.1:7860 的消息，这时候在浏览器的地址栏中输入 http://127.0.0.1:7860，回车即可打开 WebUI 的界面了。

2.4　其他搭建 Stable Diffusion WebUI 的方案

除了在个人计算机上搭建 Stable Diffusion WebUI 外，我们还可以在云服务上搭建 Stable Diffusion WebUI，如果想了解相关的流程，欢迎扫描图 2-12 中的二维码与我交流（备注本书书名）。

图 2-12　与作者交流

2.5　初次尝试 AI 绘画

不管用哪种方式，把 Stable Diffusion WebUI 搭建和运行起来后，如果一切正常，你在浏览器中打开的 WebUI 界面应该类似图 2-13 所示的样子。当然，如果你下载了整合包或者安装了中文版插件，那么界面就是中文版的。本书使用了 Stable Diffusion WebUI 原始纯净版，因此为英文界面。

图 2-13　Stable Diffusion WebUI 界面

其中最重要的是左上角的 Stable Diffusion checkpoint 下拉框，目前已经选中了我们部署的 Stable Diffusion 模型：v1-5-pruned-emaonly.ckpt，这意味着最核心的 Stable Diffusion 绘画能力已经就位。如果你想添加新的基础模型，可以下载自己想要的模型，把文件放到整合包文件夹下的 models\Stable-diffusion 目录下即可。

现在我们来做一次最简单的尝试：在 txt2img 输入框中输入 1 girl 来画一个女孩。我们得到的结果如图 2-14 所示。

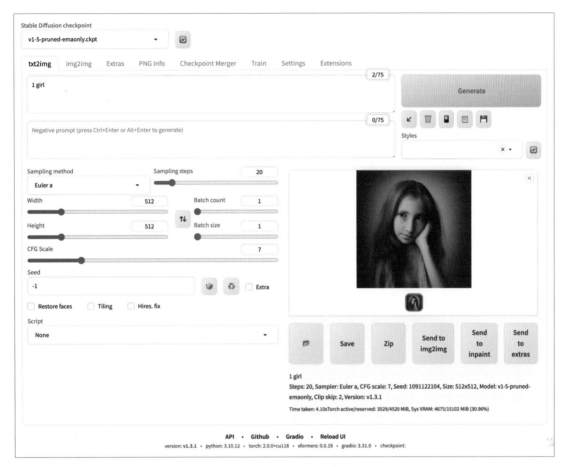

图 2-14 一次 AI 绘画尝试

如果你也做了同样的尝试，你可能会产生两个疑问。

(1) 为什么出图的效果没有别人的作品那么惊艳？

(2) 为什么输入同样的提示词 1 girl 画出来的图跟上面不一样？

这些疑问本质上还是需要通过进一步学习和使用 Stable Diffusion 的能力来解决，那接下来我们就从 Stable Diffusion 的基础功能开始学习吧！

第 3 章

Stable Diffusion WebUI 基础功能

Stable Diffusion WebUI 项目包含文生图、图生图、图像局部重绘、图像高清修复等基础功能，下面我们就来一一介绍。

3.1 文生图：使用文本提示词生成图像

Stable Diffusion 作为一款文本生成图像的 AI 绘画工具，最核心的能力就是文生图。打开 WebUI 页面后，首先出现的也是文生图的功能面板：txt2img。我们在第 2 章最后画的女孩图片，就是通过文生图功能完成的，如图 3-1 所示。

在 2.5 节已经提到，Stable Diffusion WebUI 页面左上方的 Stable Diffusion checkpoint 下拉框用于选择模型，我们这里依旧选择 v1-5-pruned-emaonly.ckpt。

下面我们依次介绍图 3-1 中与文生图相关的功能组件。

1. 提示词输入区

提示词输入区如图 3-2 所示，包括两个部分：

- ❑ 1.1 提示词（Prompt）
- ❑ 1.2 反向提示词（Negative prompt）

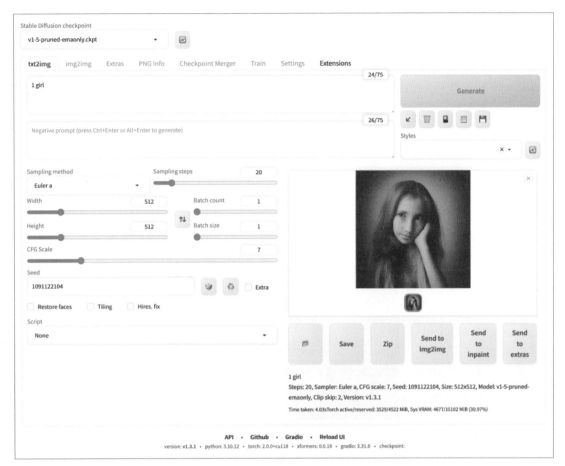

图 3-1 文生图（txt2img）标签页

图 3-2 提示词输入区

所谓**提示词**，就是告诉 Stable Diffusion 你想要生成什么内容。提示词的写法和效果与训练这个模型时使用的提示词数据有关，因此我们使用不同模型的时候，所用的提示词可能存在较大差异，也会出现提示词在当前模型下失效的情况，多多尝试即可。当我们编写提示词时，最好按照一定的结构来组织词语，通常提示词中可以包含主体描述、主体特征、背景描述、光线、视角、画风等部分，我们会在 3.2.2 节进一步介绍。

反向提示词则是告诉 Stable Diffusion 在生成图像时要避免的内容，比如我们通常会用 worst quality、low quality、grayscale、monochrome 等词来避免生成低质量的图像，也会用 missing arms、extra legs、fused fingers、too many fingers、unclear eyes 等词来避免生成的图像中出现一些不合理的内容。

第 2 章的最后，我们已经通过提示词 1 girl 生成了图 3-3 所示的女孩的图像。

图 3-3　生成结果 1 girl

接下来我们按照前面讲的结构来优化一下提示词（注意，括号内的中文内容为帮助大家理解的结构说明，不作为提示词进行输入）：

a young girl with brown eyes（主体描述），wearing a white outfit（主体特征），sitting outside cafe（背景描述），side light（光线），full body shot（视角），by Vincent van Gogh（画风）

同时，我们增加如下反向提示词：

worst quality, low quality, grayscale, monochrome, missing arms, extra legs, fused fingers, too many fingers, unclear eyes

点击 Generate 按钮，效果如图 3-4 所示。

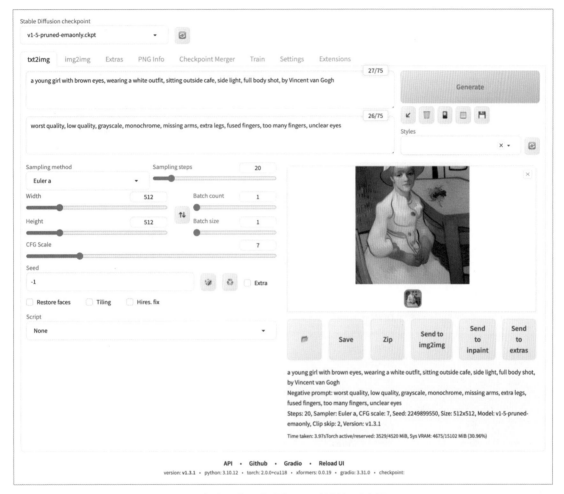

图 3-4 女孩图像－优化提示词并增加反向提示词

可以看到，提示词起到了一些效果，但是还有提升空间，我们继续探索。

2. 采样设置

采样设置如图 3-5 所示，包括两个部分：

- ❏ 2.1 采样方法（Sampling method）
- ❏ 2.2 采样步数（Sampling steps）

图 3-5   采样设置

Stable Diffusion 的绘画过程是一个对随机噪声一步一步进行降噪的过程，这里每一步降噪称为一次**采样**（Sampling）。

采样方法就是 Stable Diffusion 在每次采样时使用的算法，这里的算法有很多种，可以在下拉列表中选择，如图 3-6 所示。

图 3-6   采样方法

采样步数则是设置 Stable Diffusion 在图像生成时使用你选择的采样方法进行降噪的步数。图 3-7 所示是一名用户在 Reddit 网站上发布的部分采样方法在不同采样步数时的生成图像效果对比。

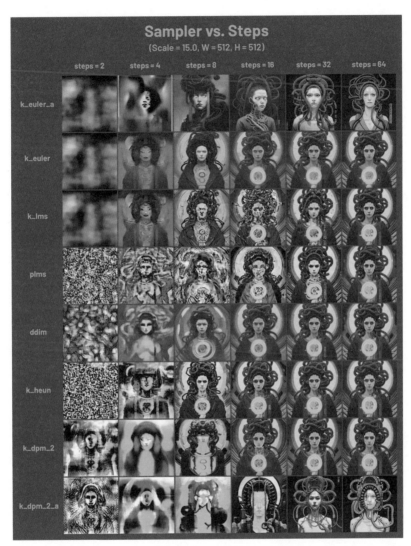

图 3-7　不同采样方法和采样步数的生成图像效果对比

在图 3-7 中，采样方法和采样步数对 Stable Diffusion 绘图的影响一目了然。我们可以看到，采样步数设置得很小的时候，生成的图像非常模糊，效果很差，随着采样步数增大，图像质量越来越好，达到一定数字后，图像质量不再有更明显的提升。那么我们是不是直接设置一个很大的采样步数就行了？当然不是，采样步数越大，绘图耗时越久。所以大部分情况下需要根据不同的场景来设置采样步数。

❑　如果是测试提示词的出图效果，希望快速看到生成图像，可以设置采样步数为 10~15。

- 如果是正式出图，推荐设置采样步数为 20~30。
- 如果想要生成的图像会包含丰富的细节，比如动物毛皮、材质纹理、复杂光线等，可以设置采样步数为 30~40。

以上场景的推荐采样步数仅供大家参考，在实际生成图像的时候，还需要根据效果不断进行调整，而且对于不同的采样方法，采样步数的设置也会有差异。本书面向普通用户，所以大家不用深入去理解不同采样方法的原理，我们在这里直接给大家几条有关采样方法和采样步数的建议。

- 如果想兼顾生成速度和图像的质量，可以选择 DPM++ 2M Karras（采样步数为 20~30）或 UniPC（采样步数为 15~25）。
- 如果想要生成高质量图像，不关心生成速度，可以考虑 DPM++ SDE Karras（采样步数为 10~15）和 DDIM（采样步数为 10~15）。
- 如果想要快速出图，生成的图像比较简单，质量过得去就行，可以选择 Euler、Heun，采样步数按需选择就行，步数越少，耗时越短。
- 如果想生成有点惊喜的图像，可以试试这几名字中有 a 的采样器：Euler a、DPM2 a、DPM++ 2S a、DPM2 a Karras、DPM++ 2S a Karras。
- 如果想尽量保持生成图像稳定可复现，则**不要使用**：Euler a、DPM2 a、DPM++ 2S a、DPM2 a Karras、DPM++ 2S a Karras。

3. 分辨率设置

分辨率设置如图 3-8 所示，包括两个部分：

- 3.1 宽（Width）
- 3.2 高（Height）

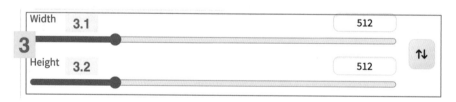

图 3-8　分辨率设置

分辨率很好理解，就是生成图像的宽和高。但是由于 Stable Diffusion 模型设计的限制，我们需要了解一些隐藏的注意事项。

- 可设置的最低分辨率是 512×512；

❑ 如果设置的分辨率过大或者宽高比例悬殊，生成图可能会出现奇怪的结果。比如画人物时，可能出现身体叠加，但画风景时，可能出现惊喜的效果。

❑ 如果确实想生成高分辨率图像，可以先将分辨率设置为同比例但宽高数值较小的尺寸，然后再用 Hires.fix 来生成对应的高分辨率图像。Hires.fix 我们会在后面介绍。

❑ 通过提示词生成图像时，也要注意搭配合适的分辨率。比如，你想画一个站立的人物画，把分辨率宽高比设置为 1∶1 或者大于 1∶1 的数值，那很可能画不出想要的结果。

4. 任务批次设置

任务批次设置如图 3-9 所示，包括两个参数：

❑ 4.1 Batch count，用于设置生成图像的次数；

❑ 4.2 Batch size，用于设置一次生成图像的数量。

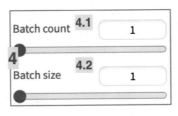

图 3-9　任务批次设置

这两个参数主要用于批量生成图像。其中 Batch count 表示当前生成任务要运行几次，即通过多次运行任务的方式来实现批量生成图像，耗时较长，以时间换空间；Batch size 表示当次生成任务要生成几张图像，即通过在一次任务里生成多张图像来实现批量生成图像，这样会占用更多显卡内存和计算资源，但耗时短，以空间换时间。

5. 提示词相关性设置

CFG Scale 用于设置生成图像与输入的提示词的相关性，如图 3-10 所示。这里，CFG 是 Classifier Free Guidance 的缩写。

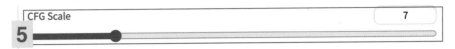

图 3-10　提示词相关性设置

提示词相关性可设置的数值范围是 1~30。该数值越大，生成的图像越符合输入提示词的意图，但数值过大可能会出现粗犷的线条和过度锐化的效果，导致图像失真。一个小技巧是，此时如果把采样步数也设置得较高，可以缓解甚至抵消图像失真的问题，不过生成图像的耗时会比较久。反之，提示词相关性数值越小，生成的图像就越脱离我们所输入的提示词的限定，但图像质量和多样性可能会更好。一般来讲，将提示词相关性数值设置在 5~15 是比较保险的。

图 3-11 所示是提示词相关性设置和采样步数设置的示例。

图 3-11　提示词相关性设置和采样步数设置的示例

6. 种子设置

种子设置如图 3-12 所示，种子是 AI 绘画中比较重要的参数之一，在 WebUI 中，对种子的设置包含两个部分：

- ❑ 6.1 种子（Seed）
- ❑ 6.2 额外种子参数（Extra Seed Options，WebUI 界面中简写为 Extra）

图 3-12　种子设置

我们在前面介绍过，Stable Diffusion 的绘画过程就是给一个随机噪声一步一步进行降噪的过程，种子就是这个随机噪声，它是 Stable Diffusion 构图的起源。种子值（即 Seed 值）一般是一个整型的数值。

对于种子，这里有几点值得大家注意。

- 在绘图任务中，即使使用同样的提示词、采样设置、分辨率设置，只要 Seed 值不一样，生成的图像就不一样。
- 如果几次生成任务使用的 Seed 值一样，那么生成图像较为相似，除非大幅度修改其他参数。
- 使用相同的模型，如果所有的参数，包括 Seed 值都设置为一样时，会生成一模一样的图像。
- 在批量处理任务中（即设置了 Batch count 或 Batch size），即使你设置了 Seed 值，最终生成图像的 Seed 值也不一定是你指定的值，一般会是与你设置的 Seed 值相差不大的值。批量处理就是通过改变 Seed 值来保证生成多张图像时每张都不一样。
- 最终生成图像的实际 Seed 值可以在生成图预览区的图像信息中看到，如图 3-13 所示。

图 3-13　生成图像的实际 Seed 值

在种子输入框右边还有两个按钮：🎲 和 ♻。点击🎲会设置种子值为 -1，表示当前绘图任务会使用一个随机的 Seed 值；点击♻则会设置 Seed 值为上一次生成任务所使用的 Seed 值，如果你想生成和上次任务近似的图，这个按钮会很有用。

在 ♻ 按钮右边有一个名为 Extra 的可选框，选中它之后会展开一些额外的选项，界面如图 3-14 所示，我们就可以开始设置额外种子参数了。

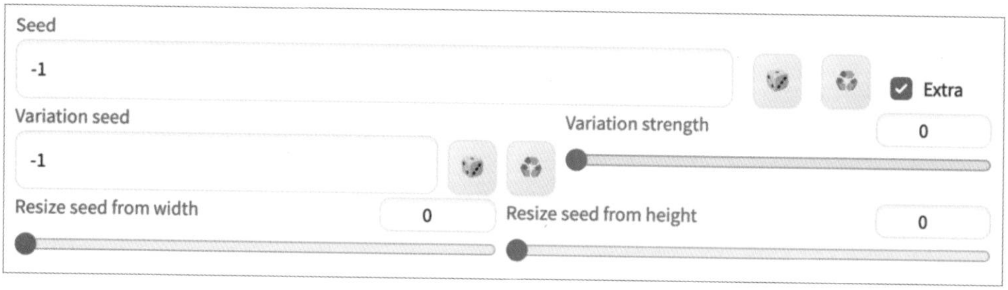

Seed

-1

Variation seed　　　　　　　　　　　Variation strength　　　　　0

-1

Resize seed from width　　0　　Resize seed from height　　0

图 3-14　额外种子参数

这里包含 4 个参数，它们的作用如下。

❑ Variation seed：基于种子渐变。

❑ Variation strength：基于种子渐变强度。

❑ Resize seed from width：基于种子更新宽度。

❑ Resize seed from height：基于种子更新高度。

从字面上较难理解它们的作用，下面我们结合使用场景进行介绍。

场景一：我们使用固定的提示词和同样的参数，通过改变 Seed 值的方式生成了两张图像（如图 3-15 和图 3-16 所示），现在我们觉得这两张图像各有优点，因此想各取所长，生成一张更好的新图像，该怎么办呢？

图 3-15　Seed 值为 2249899550

图 3-16　Seed 值为 951816086

此时，Variation seed 和 Variation strength 两个参数就可以派上用场了，我们可以按以下步骤操作，如图 3-17 所示。

(1) 设置 Seed 值为图 3-15 的 Seed 值，即 2249899550。

(2) 设置 Variation seed 值为图 3-16 的 Seed 值，即 951816086。

(3) 调整 Variation strength 来决定融合倾向，该参数值的取值范围是 0~1，值越小则生成图像越接近图 3-15，值越大则生成图像越接近图 3-16。

(4) 点击 Generate 按钮开始生成任务。

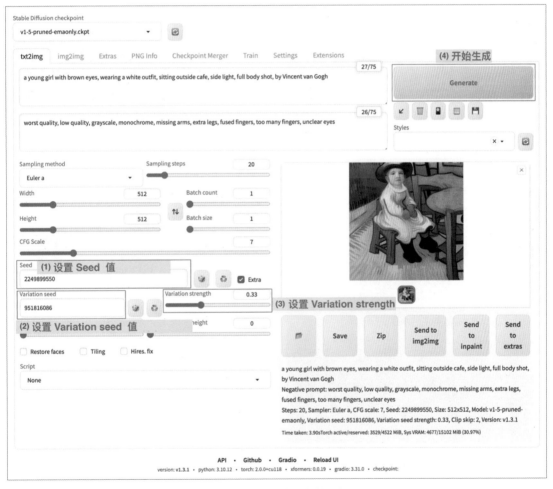

图 3-17 设置额外种子参数 - 场景一

图 3-18 ～ 图 3-21 所示依次是设置 Variation strength 为 0、0.33、0.66、1 得到的生成结果。

图 3-18　Variation strength = 0

图 3-19　Variation strength = 0.33

图 3-20　Variation strength = 0.66

图 3-21　Variation strength = 1

　　场景二： 前面提到过，在使用 Stable Diffusion 生成图像时，分辨率也会影响图像的内容，那么当我们生成了一张不错的图像之后，想要调整它的分辨率，但希望尽量不去改变它的内容，该怎么办呢？

　　这时候就可以使用 Resize seed from width 和 Resize seed from height 这对参数了。比如现在已经生成了一张分辨率为 512×512 的图像，如图 3-22 所示。

图 3-22　分辨率为 512×512 的原图

想把它的分辨率改成 512×768 ，我们可以这样做，如图 3-23 所示。

(1) 修改目标分辨率为 512×768。

(2) 设置 Resize seed from width 和 Resize seed from height 为原图的宽和高，即 512×512。

(3) 点击 Generate 按钮开始生成任务。

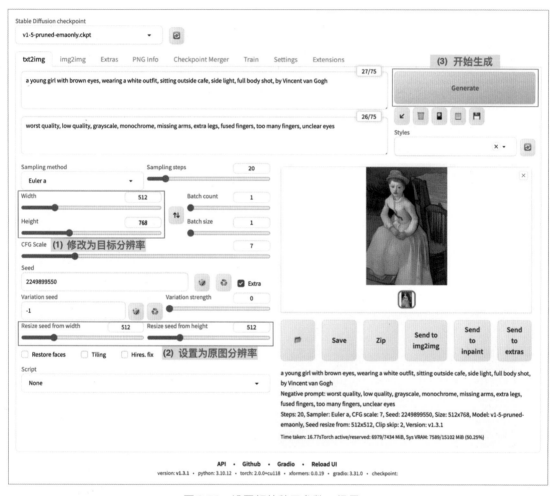

图 3-23　设置额外种子参数－场景二

修改分辨率后生成的新图像如图 3-24 所示。

图 3-24　分辨率为 512×768 的新图像

　　注意，在实际使用过程中，额外种子参数也可能会出现生成效果不及预期的情况，需要多多调整参数。

7. 重建人脸

　　重建人脸（Restore faces）功能可以对图像中出现的怪异人脸五官进行修复，如图 3-25 所示。

图 3-25　重建人脸功能

使用这项功能非常简单，勾选 Restore faces 的选择框即可。重建人脸功能还可以调整更多细节，点击提示词输入框上方的 Settings 标签页，再选择左边的 Face restoration 一栏，这样就可以看到相关参数设置了，如图 3-26 所示。

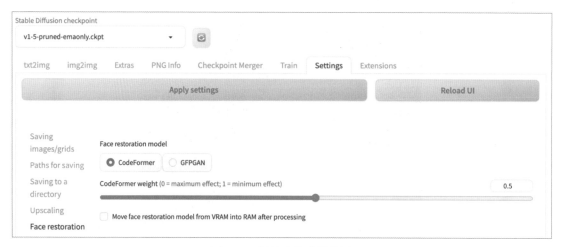

图 3-26　重建人脸参数设置

这里可以选择 CodeFormer 和 GFPGAN 两种重建人脸的模型。如果选择使用 CodeFormer 模型，还可以调整权重参数，取值范围是 0~1，0 表示最大效果，1 表示最小效果。

图 3-27 所示是使用重建人脸功能前后的效果示例。

图 3-27　重建人脸效果示例

8. 无缝贴片

无缝贴片（Tiling）功能可以让 Stable Diffusion 生成可以无限进行无缝拼接的图像，如图 3-28 所示。

图 3-28 无缝贴片功能

例如，图 3-29 所示是我们生成的一张贴片。

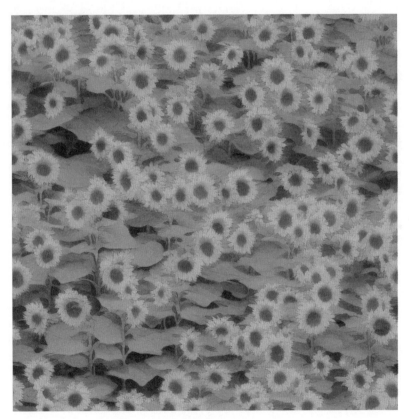

图 3-29 贴片示例

图 3-30 所示是将图 3-29 所示的贴片复制了 9 张后拼接在一起的效果，可以看到拼接的结果没有破绽，确实无缝。

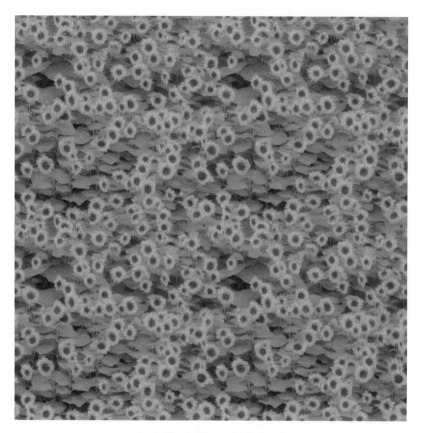

图 3-30　无缝贴片功能示例

这个功能可以用于制作壁纸、纺织品等。

9. 高分辨率修复

高分辨率修复（Hires. fix）功能用于提升生成图像的分辨率，如图 3-31 所示。

图 3 31　高分辨率修复功能

当我们勾选该功能时，会展开如图 3-32 所示的参数设置界面。第一行的 3 个参数用于进行上采样器设置，第二行的 3 个参数用于进行上采样分辨率设置。

图 3-32　高分辨率修复功能参数设置界面

Upscaler 就是上采样器，对应采样算法，目前可选择的算法如图 3-33 所示。

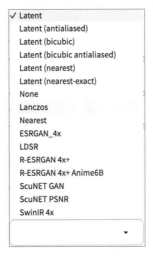

图 3-33　上采样器目前可选择的算法

除了这些可选的算法之外，还可以点击提示词输入框上方的 Setting 标签页，在左侧 Upscaling 一栏下选择 Real-ESRGAN 的模型来提升图像的分辨率，如图 3-34 所示。

图 3-34　添加 Real-ESRGAN 模型

作为普通使用者，想要弄清楚这些算法的差别可能有些难度，那么该如何选择呢？下面给出两条建议。

(1) 如果用于提升真实世界照片类的图像效果，建议使用 R-ESRGAN 4x+ 模型。

(2) 如果用于提升漫画风格类图像的效果，建议使用 R-ESRGAN 4x+ Anime6B 模型。

Hires steps 用于设置上采样步数，即二次生成的步数，与采样步数（Sampling steps）类似。

Denoising strength 则用于设置降噪强度，即生成高分辨率图像的降噪强度，它对以 Latent 开头的采样器有效。这个数值建议设置为 0.5~0.8，如果数值过小，生成的结果可能会比较模糊；如果数值过大，则可能相比原图有较大的差异。

图 3-35 所示是使用不同降噪强度的效果对比。

图 3-35　使用不同降噪强度的效果对比

用于进行上采样分辨率设置的 3 个参数相对简单，其中 Upscale by 指上采样倍数，即按照我们设置的比例对图像进行放大，Resize width to 和 Resize height to 分别用于更新宽度和更新高度。

这里要注意的是，上采样倍数的设置和更新宽度 / 高度的设置是互斥的，通过设定 Upscale by 按比例调整分辨率，或者设定 Resize width 和 Resize height 更新宽和高的分辨率，两种设置方式我们只能选其一。

10. 生成任务启动

图 3-36 所示是启动 Stable Diffusion 绘画任务的地方，点击 Generate 按钮即可开始生成图像。

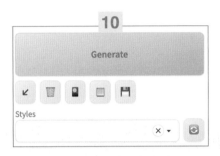

图 3-36　生成任务启动

11. 生成图预览和功能区

生成图预览和功能区如图 3-37 所示，包含以下功能：

❑ 预览生成的图像，以及图像对应的提示词和参数信息；

❑ 压缩、下载生成的图像；

❑ 将图像发送到 img2img、inpaint、extras 等功能页面做进一步处理，这些功能页面我们后面会继续介绍。

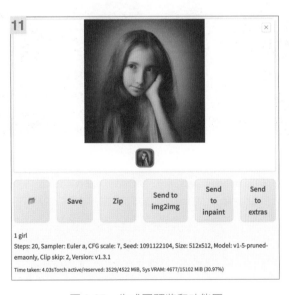

图 3-37　生成图预览和功能区

3.2　Stable Diffusion WebUI 提示词技巧

上一节我们介绍了 Stable Diffusion 文生图的功能，可以看到，这一功能是以提示词作为核心输入条件来构建的，那么编写提示词的技巧就显得尤为重要。本节我们就来介绍一下 Stable Diffusion WebUI 的一些提示词技巧。

我们先来看几个例子，图 3-38 ～图 3-40 所示是使用 Stable Diffusion WebUI 文生图生成的图像，我们来看看这些作品的提示词是怎么写的。

图 3-38　人物作品

提示词：An oil painting of the autumnal equinox, a woman surrounded by autumn leaves, an airbrush painting by Josephine Wall, deviantart, psychedelic art, airbrush art, detailed painting, pre-raphaelite, 3d render, rococo art

翻译：一幅描绘秋分时节的油画（主体特征），一个被秋叶包裹的女人（内容主体），一幅约瑟芬·沃尔创作的喷绘作品（画风、艺术家），离经叛道的艺术品（画风），迷幻艺术（画风、艺术流派），喷绘艺术（画风、艺术流派），细节绘画（画风），拉斐尔前派（画风、艺术流派），3D 渲染（渲染方式），洛可可艺术（画风、艺术流派）

图 3-39　动物作品

提示词：Tiny cute giraffe using a typewriter toy, (standing character), soft smooth lighting, soft pastel colors, skottie young, 3d blender render, polycount, modular constructivism, pop surrealism, physically based rendering, ((square image))

翻译：使用打字机玩具的可爱长颈鹿（内容主体），站立角色（主体特征），柔和光滑的照明（光线），柔和的粉彩色（颜色），斯科蒂·杨（画风、艺术家），3D Blender 渲染（渲染方式），polycount（画风、艺术社区），模块化建构主义（画风、艺术流派），流行超现实主义（画风、艺术流派），物理基础渲染（渲染方式），方形图像（宽高比）

图 3-40　风景作品

提示词: Multiple layers of silhouette mountains, with silhouette of forest, sharp edges, (at sunset), with heavy fog in air, (vector style), horizon silhouette Landscape wallpaper by Alena Aenami, firewatch game style, vector style background

翻译: 多层轮廓的山峰（内容主体），森林轮廓（内容主体），锐利的边缘（主体特征），日落时分（内容主体），空气中弥漫着浓雾（内容主体），矢量风格（画风），由 Alena Aenami 创作的地平线轮廓风景墙纸（内容主体、画风、艺术家），火表游戏风格（画风），矢量风格的背景（画风）

　　从上面几个例子中可以看到，提示词一般由一系列的短语组成，大家也许会问，为什么有的提示词加了括号？这其实是 Stable Diffusion WebUI 对提示词权重进行设置的一种语法。接下来我们开始学习提示词语法。

3.2.1　提示词语法

　　我们将从提示词的权重、提示词混合、提示词的长度、提示词的有效性四个方面来介绍提示词的语法。

1. 提示词的权重

　　在用文成图功能创作作品时，我们会用到各种各样的提示词，调整提示词权重的方式有下面 3 种。

(1) 越靠前的提示词，权重越高。

比如我们想要画一只在天空中的穿着制服的猫，可以尝试用下面的提示词来创作：

A painting of a cute cat wearing a suit, natural light, in the sky, with bright colors, by Studio Ghibli

生成结果如图 3-41 所示。

图 3-41　生成结果－调整前

我们已经得到一只穿着制服的猫，可是它不在空中。这是因为 AI 模型没有很好地接收 in the sky 这句提示词，其中的一种原因就是它的权重不够。我们试试把 in the sky 的顺序往前放一放，把提示词改为：

A painting of a cute cat in the sky, wearing a suit, natural light, with bright colors, by Studio Ghibli

这次我们得到的结果如图 3-42 所示。

图 3-42　生成结果－调整后

可以看到生成的结果满足了我们的需求。

从这个例子中可以看到，提示词的顺序会改变各个提示词对生成结果的影响力。那还有其他改变提示词权重的方法吗？

(2) 使用 (keyword: factor) 语法设置权重。

在 (keyword: factor) 语法中，factor 表示 keyword 的权重值，factor 小于 1 表示 keyword 不如其他提示词重要，大于 1 则表示 keyword 比其他提示词更重要。

图 3-43 和图 3-44 所示是我们使用提示词 dog, man, walking, spring in city, by Studio Ghibli 生

成的两张图像，dog 的权重分别为 1 和 1.5。

图 3-43　生成结果 (dog: 1)　　　　　　　图 3-44　生成结果 (dog: 1.5)

可以看到，当 dog 的权重提升后，画面中出现了更多的狗。

提示词权重对生成结果的影响并不是每次都相同，但是在统计学意义上是有效的。

(3) 使用 () 提升权重，使用 [] 降低权重。

(keyword) 表示将 keyword 的权重设置为原来的 1.1 倍，等同于 (keyword: 1.1)。() 支持叠加，也就是说 ((keyword)) 表示将 keyword 的权重提升为原来的 1.21 倍，等同于 (keyword: 1.21)，(((keyword))) 等同于 (keyword: 1.331)。

与之相反，[keyword] 表示将 keyword 的权重降低为原来的 0.9 倍，即等同于 (keyword: 0.9)，[[keyword]] 等同于 (keyword: 0.81)，[[[keyword]]] 等同于 (keyword: 0.729)。

2. 提示词混合

使用 [keyword1 : keyword2: factor] 语法可以将提示词的作用混合。具体就是在绘图过程中，当采样进行到一定步数时，把提示词从 keyword1 切换到 keyword2 继续采样，而在哪一步切换，是由 factor 决定的。factor 的值取 0~1，它和采样步数（Sampling steps）相乘得到的数值就是 keyword1 切换到 keyword2 的步数。

举个例子，当将提示词设置为 Oil painting portrait of [cat: dog: 0.5]，将采样步数设置为 30 时，那么在第 15 步时，关键词会发生切换。即在 1~15 步采样中，提示词是 Oil painting portrait of cat；在 16~30 步采样中，提示词是 Oil painting portrait of dog。生成的结果如图 3-45 所示。

把 factor 的数值分别调整为 0.2 和 0.8，生成结果分别如图 3-46 和图 3-47 所示。

图 3-45　生成结果 [cat: dog: 0.5]　　图 3-46　生成结果 [cat: dog: 0.2]　　图 3-47　生成结果 [cat: dog: 0.8]

可以看到，factor 的数值越小，结果越接近 dog；factor 数值越大，结果越接近 cat。不过从整体看，生成的结果都是更像 cat（从耳朵的特征可以看出），这是因为 Stable Diffusion 在扩散绘图的过程中，图像的整体结构是在初始的采样步骤里决定的，所以 keyword1 会对整体结构有更明显的影响。

基于这一语法，我们可以想到一些有趣的使用场景。

❑ 对目标人物进行人脸融合，从而创造出有近似长相的新面孔。

❑ 通过设置 factor 数值，生成画面结构高度相似的图像。

举个例子，图 3-48 和图 3-49 所示是我们分别用提示词 Oil painting portrait of a boy holding an [apple: pear: 0.9] 和 Oil painting portrait of a boy holding an [apple: pear: 0.1] 生成的图像。

两张图像的整体结构非常接近，这也证明了图像的整体构图是由早期的扩散过程设定的，后面调整关键字只会改变图像的一小部分。

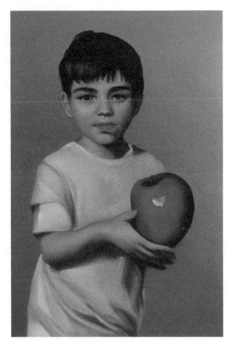

图 3-48　[apple: pear: 0.9]　　　　　　　　　　图 3-49　[apple: pear: 0.1]

需要注意的是，在生成的过程中要保持 Seed 值和采样步数等参数不变，只改动 factor 数值。

3. 提示词的长度

当我们使用 Stable Diffusion 基础模型进行绘画时，你输入的提示词长度可能是有限制的。注意，这里的长度更严谨的含义是指 tokens 的长度，而不是我们写的提示词的单词长度。Stable Diffusion v1.x 模型可接收的 tokens 长度是 75。

tokens 即令牌，是一种由 Stable Diffusion 模型所知道的单词转换而成的数字表示形式。Stable Diffusion 是否知道一个单词，是由该模型的训练数据决定的。当我们输入提示词来驱动 Stable Diffusion 进行绘画时，Stable Diffusion 的 CLIP 模块会将提示词转换为模型可理解的 tokens。如果我们输入的提示词中包含模型不知道的单词，那么该单词会被尝试拆分为模型知道的单词后，再转换为 tokens。

打个比方，sun 和 house 是 Stable Diffusion 模型知道的单词，但是 sunhouse 是模型不认识的，这时候当我们把 sunhouse 作为 1 个单词放到提示词中，它就会被拆分为 sun 和 house 这 2 个单词，并转换为 2 个 tokens 输入模型。

扩展阅读

如果我们通过一些方式来突破 tokens 的长度限制，那么在 tokens 长度超过 75 时，会开启一个新的数据块来处理更多的 tokens，当然这个新块的 tokens 长度限制也是 75，每个数据块会独立处理数据，在输入 Stable Diffusion 模型的 U-Net 模块之前才被连接起来。注意，这样的数据块可以不断开启，直到计算机的内存耗尽。

4. 提示词的有效性

Stable Diffusion 模型会将不认识的单词拆分后再去理解，那如果单词本身是不可拆分的，这对于模型来说，就增加了噪声，而且原来的提示词也会失效。因此，对于重要的提示词，我们需要多生成几次图像，确保它是有效的。

为了测试单词 Vincent van Gogh 的有效性，我们用提示词 cat, by Vincent van Gogh 生成了几张图像，如图 3-50 所示。

图 3-50　Vincent van Gogh 的有效性测试

可以看到 Vincent van Gogh 对 Stable Diffusion 应该是有效的。

然后我们又用提示词 cat, by wlop 测试 wlop 的有效性，生成的图像如图 3-51 所示。

图 3-51　wlop 的有效性测试

可以看到 wlop 似乎并没有起到什么作用，这表示它对 Stable Diffusion 是无效的。

3.2.2　提示词结构

现在我们已经了解了一些提示词的语法规则，下面我们继续研究提示词的具体用词，去看看它们有没有通用的结构，这个过程其实是对具体的提示词样本进行抽象分类的一个过程。

提示词中的单词和短语可以大致分为主体描述、主体特征、背景描述、光线、视角、画风等。其中，主体描述、主体特征和背景描述属于内容描述，光线、视角、画风属于风格描述。

这样一来，我们就总结出了一种简洁的 Stable Diffusion 绘画提示词结构：**内容描述 + 风格描述**。

1. 内容描述

提示词的**内容描述**部分用于指定画面中有什么。编写这部分提示词时，比较完备的做法是思考下面几个问题。

- ❑ 主体是什么？
- ❑ 主体有什么特征和细节？
- ❑ 主体之外有没有其他元素，与主体之间的关系是什么？
- ❑ 其他元素有什么特征和细节？
- ❑ 画面的背景、环境是什么？

下面我们举个例子。

主体是什么？

假设我们想画一个男孩，所以写下提示词：a boy。

主体有什么特征和细节？

我们希望男孩穿着套装、短发，所以提示词可以完善为：a boy wearing a suit with short hair。

主体之外有没有其他元素，与主体之间的关系是什么？

我们想让画面中有一棵苹果树，可以继续添加提示词：a boy wearing a suit with short hair standing under an apple tree。

这里我们交代了一下主体和元素的关系，即男孩站在苹果树下。这是需要注意的一点，当画面除了主体外还有其他元素时，需要尽量让它们之间的关系符合逻辑。

其他元素有什么特征和细节？

我们希望苹果树上有红色的苹果，所以我们完善提示词：a boy wearing a suit with short hair standing under an apple tree, red apples on the tree。

画面的背景、环境是什么？

画面应该是在一个果园，所以我们继续添加提示词：a boy wearing a suit with short hair standing under an apple tree, red apples on the tree, in an orchard

最后，我们得到如图 3-52 所示的生成结果。

图 3-52 内容描述示例生成结果

2. 风格描述

风格描述部分则用于指定图像的风格。编写这部分提示词的时候，我们需要从下面几个方面来考虑。

● 光线

下面是一些光线提示词示例。

❑ Volumetric Lighting：体积光。

❑ Mood Lighting：气氛光。

❑ Bright：明亮。

❑ Soft Lights：柔光。

❑ Rays of Shimmering Light：闪烁的光线。

❑ Crepuscular Ray：云隙光。

❑ Bioluminescence：生物发光。

❑ Bisexual Lighting：双性打光。

❑ Rembrandt Lighting：人物的 45 度角侧向光。

- ❑ Split Lighting：高对比侧面光。

- ❑ Front Lighting：正面光。

- ❑ Back Lighting：逆光。

- ❑ Oblique Back Lighting：斜逆光。

- ❑ Rim Lights：边缘光。

- ❑ Global Illumination：全局光。

- ❑ Warming Lighting：暖光灯。

- ❑ Dramatic Lighting：戏剧灯光。

- ❑ Natural Lighting：自然光。

- ● 视角

下面是一些视角提示词示例。

- ❑ Aerial View：鸟瞰。

- ❑ Top View：顶视。

- ❑ Tilt-shift：移轴效果。

- ❑ Satellite View：卫星视图。

- ❑ Bottom View：仰视。

- ❑ Front/Side/Rear View：前 / 侧 / 后视图。

- ❑ Product View：产品视角。

- ❑ Closeup View：特写视角。

- ❑ Outer Space View：太空视角。

- ❑ Isometric View：等距视角。

- ❑ High Angle View：高角度视角。

- ❑ Microscopic View：微视角。

- ❑ First-person View：第一人称视角。

- ❑ Third-person Perspective：第三人称视角。

- ❑ Two-point Perspective：两点透视。

- ❑ Three-point Perspective：三点透视。

- ❑ Elevation Perspective：立面视角。

- ❑ Cinematic Shot：电影镜头。

- ❑ In Focus：对焦。

❑ Depth of Field：景深。

❑ Wide-angle View：广角。

● **画风**

要影响图像的画风有很多方法，我们可以通过指定艺术媒介、艺术家、艺术流派、艺术工作室、艺术作品、年代等词来设定画风。

(1) **艺术媒介**。比如是照片（Photo）还是画作（Painting），是素描（Sketch）还是油画（Oil painting），等等，这些表示艺术媒介的词可以影响画风。

图 3-53 和图 3-54 所示是用不同艺术媒介提示词画的两只猫。

图 3-53　提示词: cat, Sketch　　　　　图 3-54　提示词: cat, Oil painting

下面是一些艺术媒介提示词示例。

❑ Sketch：素描。

❑ Pencil Painting：铅笔画。

❑ Oil Painting：油画。

❑ Chalk Painting：粉笔画。

❑ Water Color Painting：水彩画。

❑ Graffiti：街头涂鸦。

❑ Fabric：针织物。

❑ Made of Wood：木制品。

❑ Clay：陶土制品。

(2) **艺术家**。我们也可以通过指定艺术家来让画风匹配艺术家的风格。

图 3-55～图 3-58 所示是使用不同艺术家提示词生成的结果。

图 3-55　masterpiece by Pablo Picasso

图 3-56　masterpiece by Vincent van Gogh

图 3-57　masterpiece by Hayao Miyazaki

图 3-58　masterpiece by Makoto Shinkai

下面是一些艺术家提示词示例。

❑ Pablo Picasso：巴勃罗·毕加索，抽象派画家。

❑ Vincent van Gogh：凡·高，后印象派画家。

❑ Paul Cézanne：保罗·塞尚，后印象派画家。

- ❏ Georges Pierre Seurat：秀拉，印象派点描派画家。
- ❏ Hayao Miyazaki：宫崎骏，漫画家。
- ❏ Makoto Shinkai：新海诚，漫画家。
- ❏ Eiichiro Oda：尾田荣一郎，漫画家。
- ❏ Katsuhiro Otomo：大友克洋，漫画家。

(3) **艺术流派**。类似地，通过指定艺术流派可以直接设定画风。图 3-59 ~ 图 3-62 所示是使用不同艺术流派提示词生成的结果。

图 3-59　masterpiece by Impressionism

图 3-60　masterpiece by Rococo

图 3-61　masterpiece by Cubism

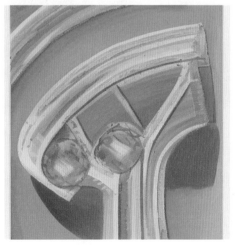

图 3-62　masterpiece by Constructivism

下面是一些艺术流派提示词示例。

- ❑ Impressionism：印象派。
- ❑ Rococo：洛可可。
- ❑ Fauvism：野兽派。
- ❑ Cubism：立体派。
- ❑ Abstract Art：抽象艺术。
- ❑ Abstract xpressionism：抽象表现主义。
- ❑ Baroque：巴洛克。
- ❑ Constructivism：建构主义。
- ❑ Surrealism：超现实主义。

（4）**艺术工作室**。我们还可以通过指定艺术工作室来设定画风，图 3-63 ~ 图 3-65 所示是使用不同艺术工作室提示词生成的结果。

图 3-63　masterpiece by DreamWorks Pictures

图 3-64　masterpiece by Pixar

图 3-65　masterpiece by Ghibli Studio

下面是一些艺术工作室提示词示例。

- ❑ DreamWorks Pictures：梦工厂动画。
- ❑ Pixar：皮克斯动画。
- ❑ Ghibli Studio：吉卜力工作室。

(5) **艺术作品**。我们也可以通过指定艺术作品来设定画风，艺术作品可以是电影、动漫、游戏等。图 3-66～图 3-69 所示是使用不同艺术作品提示词生成的结果。

图 3-66　masterpiece by Jojo's Bizarre Adventure

图 3-67　masterpiece by Pokémon

图 3-68　masterpiece by League of legends

图 3-69　masterpiece by Breath of The Wild

下面是一些艺术作品提示词示例。

❑ Jojo's Bizarre Adventure：《JoJo 的奇妙冒险》，动漫作品。

❑ Pokémon：《宝可梦》，动漫作品。

❑ AFK Arena：《剑与远征》，游戏。

- ❑ League of legends：《英雄联盟》，游戏。
- ❑ Breath of The Wild：《旷野之息》，游戏。
- ❑ Warframe：《星际战甲》，游戏。

(6) **年代**。我们还可以通过指定年代来影响画风。图 3-70 ~ 图 3-71 所示是使用不同年代提示词生成的结果。

图 3-70　beautiful young girl, in low cut, 1960s

图 3-71　beautiful young girl, in low cut, 1990s

此外，我们可以设置摄影参数、渲染方式、魔法词等来影响生成结果的风格。

● **摄影参数**

图像的摄影参数可以是镜头、设备等，下面是一些摄影参数提示词示例。

- ❑ Wide-angle Lens：广角镜头。
- ❑ Telephoto Lens：长焦镜头。
- ❑ 24mm Lens：24mm 镜头。
- ❑ EF 70mm Lens：EF 70mm 镜头。
- ❑ 800mm Lens：800mm 长焦镜头。
- ❑ Fish-eye Lens：鱼眼镜头。
- ❑ Macro Lens：微距镜头。
- ❑ iPhone X：iPhone X 手机摄影。
- ❑ Nikon Z FX：Nikon Z FX 相机摄影。

❑　Canon：佳能相机摄影。

❑　Gopro：Gopro 相机摄影。

❑　Drone：无人机摄影。

❑　Thermal Camera：热成像相机摄影。

●　**渲染方式**

下面是一些渲染方式提示词示例。

❑　Unreal Engine 5：虚幻引擎 5 渲染。

❑　3D Render：3D 渲染。

●　**魔法词**

除了上面这些类别的提示词外，下面列出了一些魔法词，推荐大家在绘图的时候尝试一下。

❑　HDR, UHD, 4K/8K/64K：指定图像质量。

❑　Highly Detailed：高度细节，让图像呈现更多细节。

❑　Studio Lighting：摄影棚内光线，可以给图像增添不错的纹理效果。

❑　Professional：专业级，有时可以提升图像的对比度和细节呈现。

❑　Trending on Artstation：艺术站趋势，可以生成流行的风格。

❑　Vivid Colors：生动的色彩，可以提升图像的颜色丰富度。

❑　High Resolution Scan：高分辨率扫描，可以给照片增加年代感。

❑　Bokeh：可以实现背景虚化的效果。

3. Stable Diffusion 参数

除了上面提到的提示词外，3.1 节介绍的 Stable Diffusion 相关参数也会对生成的图像有较大影响，这里就不赘述了。

3.3　图生图：使用图像＋提示词生成图像

Stable Diffusion 除了支持完全通过提示词来生成图像外，还支持使用图像加提示词共同引导来生成图像。

在使用图生图功能时，输入的图像称为引导图，它主要影响生成结果的**颜色和构图**，所以输入图像不一定需要很多细节。对于提示词的要求，则跟文生图功能基本一致。

如图 3-72 所示，Stable Diffusion WebUI 的第二个标签页就是图生图的功能页面。

图 3-72　图生图（img2img）功能页面

下面我们依次介绍图生图的核心功能。

1. 提示词输入区

图生图的提示词输入区与文生图的界面相同，包括提示词和反向提示词两部分，这里就不重复介绍了。

2. 引导图输入区

引导图输入区包括图生图（img2img）、草稿（Sketch）、内补绘制（Inpaint）、基于草稿的内补绘制（Inpaint sketch）、基于上传蒙版的内补绘制（Inpaint upload）、批量处理（Batch）等子栏目，这里我们先来介绍图生图和草稿。

假设我们拥有一张如图 3-73 所示的油画图片，现在将它作为引导图，生成一张照片风格的猫。

图 3-73 引导图

操作步骤如下，如图 3-74 所示。

(1) 在引导图输入区导入引导图。

(2) 在提示词输入区输入提示词 cat, photo。

(3) 在图生图参数设置区设置相关参数，这里使用默认参数即可。

(4) 点击 Generate 按钮启动图生图任务。

(5) 等待生成的结果。

图 3-74 图生图（img2img）基本步骤

生成结果如图 3-75 所示。

图 3-75　生成结果 1

Stable Diffusion 确实按照提示词的指示生成了一张照片风格的猫。

下面我们把提示词调整为 dog, photo，再次启动生成任务，得到的生成结果如图 3-76 所示。

图 3-76　生成结果 2

Stable Diffusion 按照提示词的指示生成了一张照片风格的狗。可见，在两次图生图生成任务中，输入的图像影响了生成结果的颜色和构图，而提示词对结果起着主导作用。

草稿本质上还是一种图生图的能力，与图生图相比，区别在于以下两点。

(1) 草稿提供了在输入图像上进行涂绘的功能组件，并且可以设置画笔的颜色。

(2) 草稿会把引导图和在上面涂绘的部分一起作为输入图像，再和提示词一起引导生成最终结果。

还是将图 3-73 作为引导图，我们在小猫的头上涂绘皇冠头饰，并输入提示词 cat with crown，painting，如图 3-77 所示。

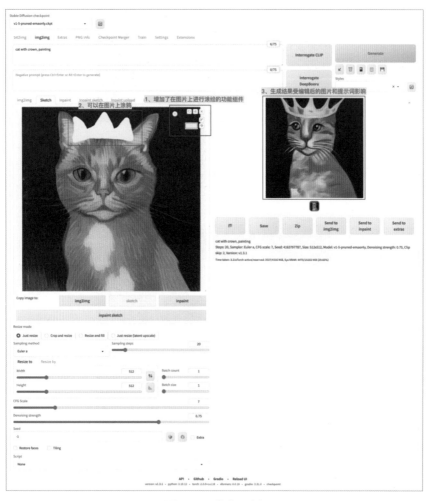

图 3-77　草稿示例

生成的图像是一只带着皇冠的小猫，如图 3-78 所示。

图 3-78　草稿示例生成结果

3. 尺寸更新模式

尺寸更新模式（Resize mode）指的是当目标生成图像的分辨率与引导图的分辨率不一致时，采用何种模式来更新分辨率。

Stable Diffusion WebUI 目前提供了下面 4 种模式可选。

- Just resize：简单地调整图像尺寸，如果引导图与生成图的宽高比例不同，图像会被拉伸。
- Crop and resize：裁剪与调整图像尺寸，如果引导图与生成图的宽高比例不同，会基于图像中心将超出比例的部分进行裁剪。
- Resize and fill：调整图像尺寸与填充，如果输入与输出宽高比例不同，会基于图像中心填充超出比例的部分。
- Just resize(Latent upscale)：与 Just resize 模式类似，在 Latent 潜在空间进行。

我们继续以图 3-73 为引导图（分辨率为 512 × 512），尝试用不同的尺寸更新模式来生成分辨率为 512 × 768 的照片风格图像，观察几个模式有何不同。

具体操作步骤如下，如图 3-79 所示。

(1) 在引导图输入区导入引导图，分辨率为 512 × 512。

(2) 在提示词输入区输入提示词 cat, photo。

(3) 在 Resize mode 处选择尺寸更新模式。

(4) 在 Resize to 处设置生成图的目标分辨率，这里设置为 512 × 768。

(5) 点击 Generate 按钮启动图生图任务。

(6) 等待生成的结果。

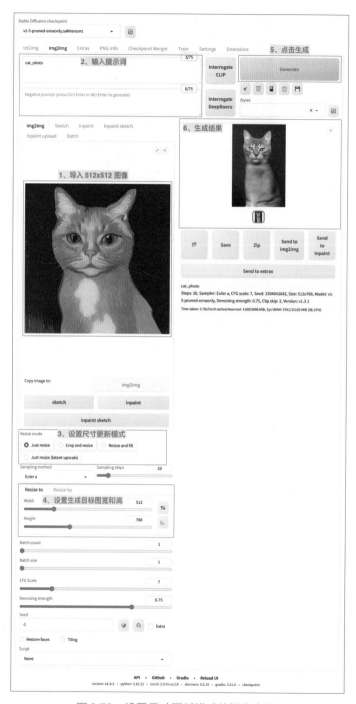

图 3-79　设置尺寸更新模式的操作步骤

图 3-80 ~ 图 3-83 所示为依次使用 Just resize、Crop and resize、Resize and fill、Just resize(Latent upscale) 4 种模式生成的分辨率为 512 × 768 的照片风格图像。

图 3-80　生成结果 – Just resize

图 3-81　生成结果 – Crop and resize

图 3-82　生成结果 – Resize and fill

图 3-83　生成结果 – Just resize(Latent upscale)

可以看到，使用不同的模式，最终的生成图像有不一样的效果。

4. 采样设置

采样设置包括采样方法设置和采样步数设置，设置方法和文生图一样，这里就不介绍了。

5. 目标分辨率

Resize to 和 Resize by 用于设置生成图的目标分辨率，其中 Resize to 可以设置目标生成图的宽和高，如图 3-84 所示；Resize by 可以设置目标生成图的缩放比例，如图 3-85 所示。

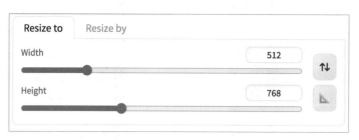

图 3-84 设置目标分辨率 – Resize to

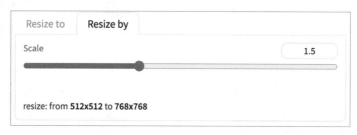

图 3-85 设置目标分辨率 – Resize by

6. 任务批次设置

任务批次设置部分包括 Batch count 和 Batch size 两个参数，分别控制生成图像的次数及一次生成图像数量。相关功能与文生图一致，这里就不做过多介绍了。

7. 提示词相关性

提示词相关性（CFG Scale）的相关功能与文生图一致，不再赘述。

8. 重绘幅度

重绘幅度（Denoising strength）的设置如图 3-86 所示。这个参数用于设置生成图与引导图的相似度，取值范围是 0~1。数值越小，生成图与引导图越近似；数值越大越，引导图越接近提示词的引导效果。重绘幅度一般建议设置为 0.75。

图 3-86 重绘幅度

下面我们依旧使用图 3-73 作为引导图，输入提示词 cat, photo 进行两次生成任务，两次任务的重绘幅度为分别设置为 0.1 和 0.9，生成结果如图 3-87 和图 3-88 所示。

图 3-87 生成结果 – 重绘幅度 0.1

图 3-88 生成结果 – 重绘幅度 0.9

图 3-72 中标注的 9~13 分别为种子设置、重建人脸、无缝贴片、生成任务启动、生成图预览和功能区等，这些功能的使用方法均与文生图功能中的一致，所以我们就不做过多介绍了。

3.4 图像局部重绘

除了完整地绘制一幅图像，Stable Diffusion 还能对图像的局部区域进行重绘。当重绘部分是图像的内部区域时，就称为内补绘制（Inpaint）。

本节我们就来介绍一下 Stable Diffusion WebUI 中内补绘制相关的功能。

3.4.1 内补绘制

Stable Diffusion WebUI 内补绘制功能面板嵌在图生图大栏目下并新增了一些参数设置组件，如图 3-89 所示。

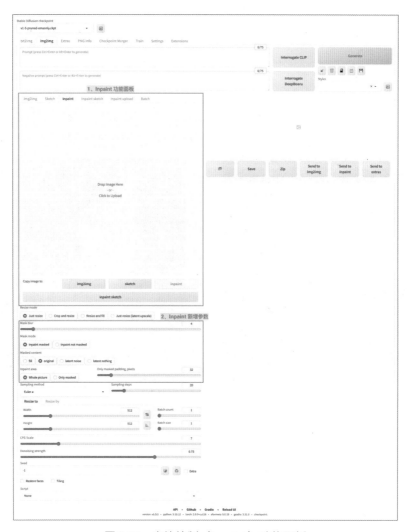

图 3-89　内补绘制（Inpaint）功能面板

内补绘制作为嵌在图生图页面的子功能，在图生图的基础上增加了一些特有能力。

❑ 内补绘制相对图生图提供了在输入图像上进行涂绘的功能组件。这个功能和草稿功能很像，不同之处在于内补绘制的涂绘功能组件不能设置画笔的颜色，这是因为没有必要，内补绘制的涂绘用于画出蒙版区域。

❑ 内补绘制通过提示词、输入图像、蒙版区域共同引导 Stable Diffusion 进行图像重绘，但是这里只会重绘蒙版区域，不对蒙版以外的区域做修改。

❑ 内补绘制相对图生图增加了针对蒙版区域进行设置的系列参数。

1. 内补绘制流程

下面我们使用内补绘制功能再次尝试给图 3-73 的小猫头上添加皇冠头饰，进行内补绘制的步骤如下，如图 3-90 所示。

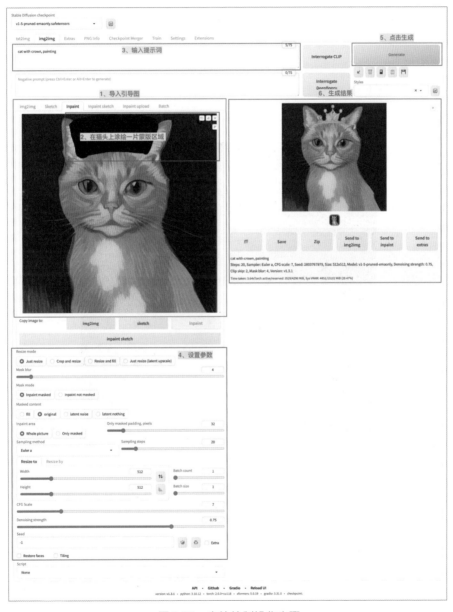

图 3-90　内补绘制操作步骤

(1) 在引导图输入区导入引导图。

(2) 使用涂绘功能组件画出蒙版区域。我们这里想要在猫头上增加皇冠，所以就在猫头上画出了一片蒙版区域。这里的涂绘画笔只有黑色，因为是画蒙版用的，不需要其他颜色。

(3) 在提示词输入区输入提示词。我们这里输入的提示词为 cat with crown, painting。

(4) 在参数设置区设置图生图相关参数以及针对内补绘制新增的蒙版区域相关参数。这里都使用了默认参数。

(5) 点击 Generate 按钮启动图生图任务。

(6) 等待生成的结果。

生成的结果如图 3-91 所示。

图 3-91　生成结果 – 内补绘制

从结果图像可以看到，内补绘制只对蒙版区域进行了重绘，其他区域都和输入的原图保持一致。这是和我们前面介绍的草稿功能不一样的地方。

2. 内补绘制参数

内补绘制在图生图基础上增加的参数有 4 个。

(1) Mask blur：蒙版模糊度。

(2) Mask mode：蒙版模式。

(3) Masked content：蒙版填充内容。

(4) Inpaint area：重绘大小。

下面我们分别介绍一下。

Mask blur 用来设置平滑处理蒙版区域的界限时的模糊宽度，这个参数的取值范围是 0~64。数值越小，边缘越锐利，数值越大，边缘越模糊。Mask blur 的默认值为 4 ，我们需要根据图像的情况选择一个合适的值让图像看起来更真实。

Mask mode 用来指定重绘的目标区域，包括 2 个选项。

❑ Inpaint masked：重绘蒙版区域，表示只重绘蒙版遮罩的区域。

❑ Inpaint note masked：重绘非蒙版区域，表示只重绘非蒙版区域。

下面我们用一个示例来说明二者的区别。引导图如图 3-92 所示，我们在引导图上绘制蒙版，如图 3-93 所示。

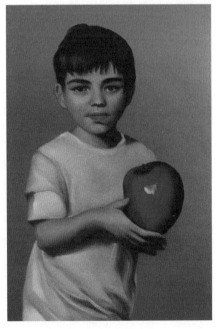

图 3-92　引导图

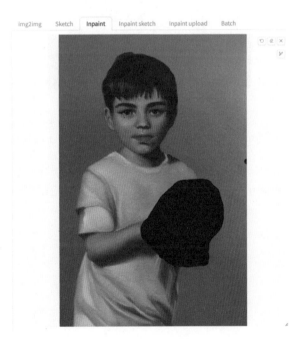

图 3-93　绘制蒙版

设置生成结果的宽和高与引导图一致，均为 512 × 768，然后在输入提示词 Oil painting portrait of a boy holding an orange 后，我们分别选择重绘蒙版区域和重绘非蒙版区域两种模式生成的图像，结果如图 3-94 和图 3-95 所示。

图 3-94　生成结果 – Inpaint masked

图 3-95　生成结果 – Inpaint note masked

Masked content 用来指定对重绘区域进行绘制时应该使用什么内容，包括 4 个选项。

❑ 填充（fill）：参考原图的一个非常模糊版本来开始绘制。

❑ 原始（original）：参考蒙版区域对应的原图内容来开始绘制。这通常是我们最想要的选项，也是默认选项。

❑ 潜在空间噪声（latent noise）：使用基于 Seed 值产生的初始噪声在潜在空间开始绘制。选择这个选项就可能画出跟原图完全不相关的内容。

❑ 无潜在空间（latent nothing）：基于蒙版区域附近的颜色来得到一个纯色填充到蒙版区域来开始绘制。

不改变原图、蒙版、输出宽高和提示词，分别使用填充、原始、潜在空间噪声、无潜在空间选项生成的结果如图 3-96 ~ 图 3-99 所示。

图 3-96　生成结果 – 填充

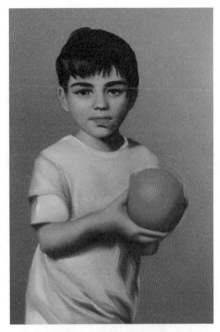

图 3-97　生成结果 – 原始

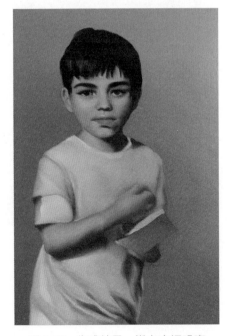

图 3-98　生成结果 – 潜在空间噪声

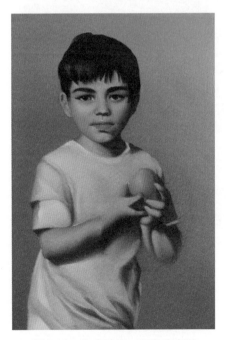

图 3-99　生成结果 – 无潜在空间

一般情况下，我们选择**原始**选项即可。

Inpaint area 是指对重绘区域进行重绘的尺寸处理方式，包括下面 2 个选项。

- ❑ 全图（Whole picture）：在引导图的基础上生成新图，然后将新图中对应重绘区域的部分混合到原图中作为生成结果。这个是默认选项。
- ❑ 仅蒙版（Only masked）：将重绘区域放大到你指定的尺寸后进行绘图，绘图完成后将其缩小到原图相应的位置并与原图融合后作为生成结果。当选择了这个选项时，你还需要设置参数：仅蒙版时边距（Only masked padding, pixels），这个参数数值越高，最终生成的结果越接近原图。

不改变原图、蒙版、输出宽高和提示词，分别使用全图、仅蒙版两个选项生成的结果如图 3-100 和图 3-101 所示。

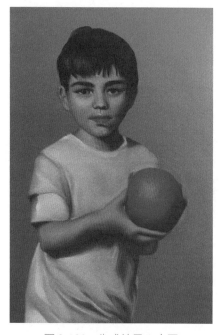

图 3-100　生成结果 – 全图

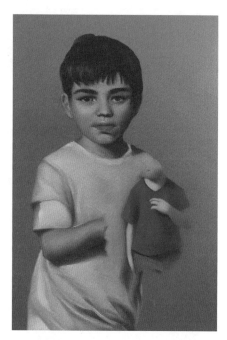

图 3-101　生成结果 – 仅蒙版

3.4.2　基于草稿的内补绘制

基于草稿的内补绘制（Inpaint sketch）是在内补绘制的基础上增强了蒙版在颜色设置方面的能力，如图 3-102 所示。

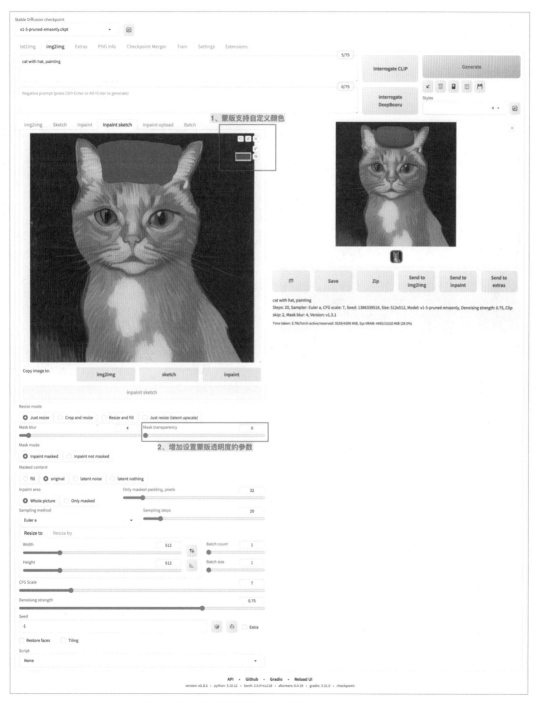

图 3-102 基于草稿的内补绘制（Inpaint sketch）

❑ 蒙版可以自定义颜色，并且这个颜色会影响蒙版区域重绘的颜色。

❑ 新增蒙版透明度（Mask transparency）参数，支持设置蒙版的透明度。

使用图 3-73 作为引导图，提示词为 cat with hat, painting，分别使用红色和蓝色蒙版生成的如图 3-103 和图 3-104 所示。

图 3-103　生成结果－红色蒙版

图 3-104　生成结果－蓝色蒙版

可以看到蒙版颜色对最终生成结果的影响。

3.4.3　基于上传蒙版的内补绘制

基于上传蒙版的内补绘制（Inpaint upload）的功能与内补绘制基本一致，唯一的区别顾名思义，就是蒙版并非我们手动绘制，而是通过一个独立的图像文件指定。需要说明的是，蒙版文件中白色区域表示重绘区域，黑色区域表示不重绘区域，如图 3-105 所示。

图 3-105　基于上传蒙版的内补绘制

3.5　图像高清修复

在很多场景下，我们需要用到一些高清图，但是一般不建议直接用 Stable Diffusion 来生成高分辨率的图像，因为 Stable Diffusion 模型的训练图像尺寸不高，如果直接生成高分辨率的图像，会遇到不合理叠加等问题。

不过 Stable Diffusion WebUI 为我们提供了其他方式来生成高分辨率的高清图，下面我们就来介绍一下这些方案。

3.5.1　高清修复方案

Stable Diffusion WebUI 在几个不同的地方都提供了对图像进行高清修复的功能，所以我们可以根据需要，灵活选择下面的 3 种方案来提升图像的质量。

(1) 使用文生图中的高清修复功能：Hires. fix。

(2) 使用图生图中的放大功能：SD upscale。

(3) 使用额外功能中的放大功能：Scale to/Scale by。

不过这里有几点需要注意。

文生图中的高清修复主要是对生成图做分辨率提升，如果提升已有图像的分辨率，需要使用图生图中的 SD upscale 功能或者额外功能中的 Scale to/Scale by。

文生图和图生图中的分辨率提升上限为 2048×2048，如果需要生成高清 4K 图，可以先在文生图与图生图中生成 2048×2048 的图像，再使用额外功能中的放大功能将图像分辨率放大为 4K。

在文生图和图生图中，提升图片的分辨率都会对图像进行重绘，所以要注意 Denoising strength 参数不能设置得过高，最好不要超过 0.5。

下面我们详细说明一下使用 3 种方案的步骤。

1. 使用文生图中的高清修复功能

文生图中的高清修复功能通过在文生图标签页选中 Hires.fix 来开启，操作步骤如下，如图 3-106 所示。

(1) 输入提示词和反向提示词。

(2) 选中 Hires.fix 开启高清修复功能。

(3) 在 Upscaler 下拉框中选择分辨率放大算法。

(4) 通过 Denoising strength 参数设置降噪强度，该参数值越小越接近原图，建议不要超过 0.5。

(5) 通过 Upscale by 参数设置分辨率放大倍数。

(6) 点击 Generate 开始生成任务。

图 3-106　文生图高清修复

这里涉及的一些参数在 3.1 节已经介绍过，此处就不再赘述。

2. 使用图生图中的放大功能

图生图中的放大功能通过在图生图标签页选中 Script 下拉框中的 SD upscale 来使用，使用步骤如下，如图 3-107 所示。

图 3-107　图生图中的放大功能

(1) 在 img2img 功能区导入想要放大的图像。

(2) 通过 Denoising strength 参数设置降噪强度，该参数值越小越接近原图，建议不要超过 0.5。

(3) 在 Script 下拉框中选择的 SD upscale。

(4) 通过 Scale Factor 参数设置分辨率放大倍数，这里需要注意最终的分辨率不要超过 2048 × 2048。

(5) 在 Upscaler 区选择放大算法。

(6) 点击 Generate 开始生成任务。

图 3-108 所示是放大前后的图像对比，大家可以看看效果。

原图 512×512　　　　　　　　　　　放大图 1024×1024

图 3-108　放大前后图像对比

3. 使用额外功能中的放大功能

额外功能中的放大功能可以在 Extras 标签页中通过设置上采样器（Upscaler）来实现，使用步骤如下，如图 3-109 所示。

(1) 在 Single Image 功能区中导入想要放大的图片；

(2) 通过 Scale by 或 Scale to 设置想要放大的分辨率倍数或者目标分辨率；

(3) 在 Upscaler1 下拉框选择上采样器；

(4) 点击 Generate 开始生成任务。

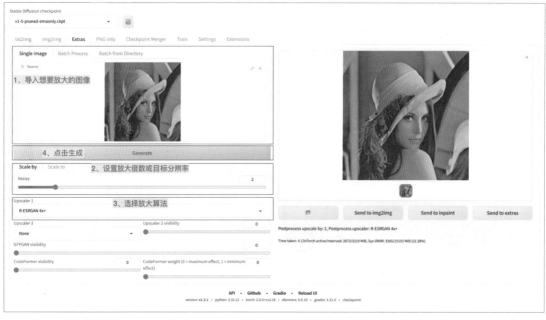

图 3-109 额外功能中的放大功能

图 3-110 和图 3-111 所示是放大前后的图像，大家可以对比看看。

图 3-110 原图 512×512

图 3-111 放大图 1024×1024

这种方法是在额外功能中提升图像分辨率最简单的方式，以下参数可以在提升图像分辨率的时候使用。

❑ Upscaler2：选择第二个上采样器，Upscaler1 和 Upscaler2 两个放大算法将混合使用。

❑ Upscaler2 visibility：设置第二个上采样器的可见度。比如当我们设置该参数值为 0.3 时，表示第二个上采样器可见度占比为 30%，而第一个上采样器可见度占比为 70%。

❑ GFPGAN visibility：GFPGAN 模型用于在放大图像时对人脸进行修复。这个参数用于设置它的可见度。

❑ CodeFormer visibility：CodeFormer 模型也可以用于在放大图像时对人脸进行修复。这个参数用于设置它的可见度。

❑ CodeFormer weight：设置 CodeFormer 的权重。该参数值取值范围是 0~1，数值越小，效果越强。

3.5.2　高清修复算法

提升图像的分辨率，最重要的其实是选择合适的图像放大算法。从 Stable Diffusion WebUI 的几个图像高清修复方案中，我们可以发现它们提供的分辨率放大算法选项是大致相同的，如图 3-112 所示。

图 3-112　高清修复的可选算法

我们来依次介绍一下这些算法。

❑ Lanczos 是一种插值算法，它使用一个称为 Lanczos 核的卷积核进行卷积运算。当放大图像时，它通过计算权重，在原图的每个像素周围插入新的像素；当缩小图像时，它会从原图每个像素周围的像素中选择一个值来替换这个像素。Lanczos 算法的运算速度很快，但效果一般。

❑ Nearest 是一种简单的插值算法，它通过缩放系数计算目标图像在原图中的坐标位置，然后找到原图中距离该位置最近的像素值，将其作为目标图像当前像素的数值。Nearest 运算速度很快，但是可能会产生锯齿，一般情况下效果不太好。

- ❑ ESRGAN_4x 是 ESRGAN 算法的一种改进版本。ESRGAN 是基于生成对抗网络的图像超分辨率算法，主要思想是通过学习低分辨率图像与其对应高分辨率图像之间的映射关系，实现从低分辨率图像到高分辨率图像的映射过程，进而实现图像的超分辨率。相较于传统的基于插值的超分辨率算法，ESRGAN 可以生成更加清晰、细节更加丰富的高分辨率图像。此外，ESRGAN 生成的图像效果相对锐利。ESRGAN_4x 则可以通过神经网络模型将低分辨率图像的分辨率增强到原来的 4 倍。

- ❑ LDSR 是 Latent Diffusion Super Resolution 的缩写，该算法与 Stable Diffusion 的图像生成原理有些类似，LDSR 使用一个经过训练的潜在扩散模型来提升图像的分辨率。这个算法的效果不错，但是对显存占用很大、运算速度很慢。

- ❑ R-ESRGAN 4x+ 是 Real-Time Enhanced Super-Resolution Generative Adversarial Network 4x+ 的缩写，是一种图像超分辨率重建算法。R-ESRGAN 4x+ 基于生成对抗网络，是 ESRGAN 的改进版本之一。它通过引入残差连接和递归结构，改进了 ESRGAN 的生成器网络，并使用生成对抗网络进行训练。R-ESRGAN 4x+ 在提高图像分辨率的同时，也可以完善图像的细节，生成图像的质量比传统方法更高。它在许多图像增强任务中取得了很好的效果，比如图像超分辨率、图像去模糊和图像去噪等。

- ❑ R-ESRGAN 4x+ Anime6B 是 R-ESRGAN 4x+ 的一个衍生版本，它基于 R-ESRGAN 4x+ 算法并使用了 Anime6B 数据集进行训练。Anime6B 数据集是一个专门用于处理动漫图像的数据集，其中包含了大量不同风格、不同质量的动漫图像，使得算法可以适应不同类型的动漫图像。R-ESRGAN 4x+ Anime6B 算法在动漫图像增强领域具有较高的准确性和较好的效果，常被应用在动画制作、漫画制作等领域。

- ❑ ScuNET GAN 也叫 Swin-Conv-UNet GAN，是一个可以去除图像噪声同时保留原始细节的神经网络模型。

- ❑ ScuNET PSNR 类似 ScuNET GAN，降噪效果非常好，适用于需要保持更多图像细节、纹理、颜色等信息的处理场景。

- ❑ SwinIR 4x 是一种基于 Swin Transformer 的图像超分辨率重建算法，可将低分辨率图像放大为原来的 4 倍，生成高分辨率图像。Swin Transformer 是一种新型的 Transformer 模型，相对于传统的 Transformer 模型，在处理图像等二维数据时，具有更好的并行性和更高的计算效率。SwinIR 4x 通过引入 Swin Transformer 和局部自适应模块来提高图像重建的质量和速度。其中，局部自适应模块用于提高图像的局部细节，从而增强图像的真实感和清晰度。SwinIR 4x 被广泛应用于计算机视觉领域，特别是图像重建、图像增强和图像超分辨率等方面。

下面我们再简单概括一下以上高清修复算法的效果。

- Lanczos 和 Nearest：一般效果不太好，不常用。
- ESRGAN_4x：修复照片的效果不错，但细节可能比较锐利，不过有些人喜欢这样的风格；修复绘画的效果有些粗糙，适合有纹理的油漆风格；不适合用于修复二次元漫画，效果比较差。
- LDSR：修复照片的效果很不错，但是速度太慢；修复绘画和二次元漫画可能出现一些噪点。
- R-ESRGAN 4x+：对于照片、绘画、二次元漫画的修复效果都还不错，是一个均衡型选择。
- R-ESRGAN 4x+ Anime6B：用它来修复照片、绘画，结果都会带上一些二次元漫画的风格；修复二次元漫画的效果很好。
- ScuNET GAN：可以去除照片、绘画中的噪点，但是可能会糊；修复二次元漫画效果还可以。
- ScuNET PSNR：可以去除照片、绘画中的噪点，但是可能会糊；修复二次元漫画效果比较差。
- SwinIR 4x：修复绘画的效果优于修复照片的效果；不适合修复二次元漫画。

以上的效果总结是我自己尝试出的结果，鼓励大家也多尝试，找到适合的算法。对于没有任何经验的人来说，可以简单记住：一般情况使用 R-ESRGAN 4x+，修复二次元漫画使用 R-ESRGAN 4x+ Anime6B。

图 3-113 所示是一幅 512 × 512 的图像，图 3-114～图 3-122 所示是使用各类图像修复算法将图像分辨率放大到 2048 × 2048 的效果。

图 3-113　原图

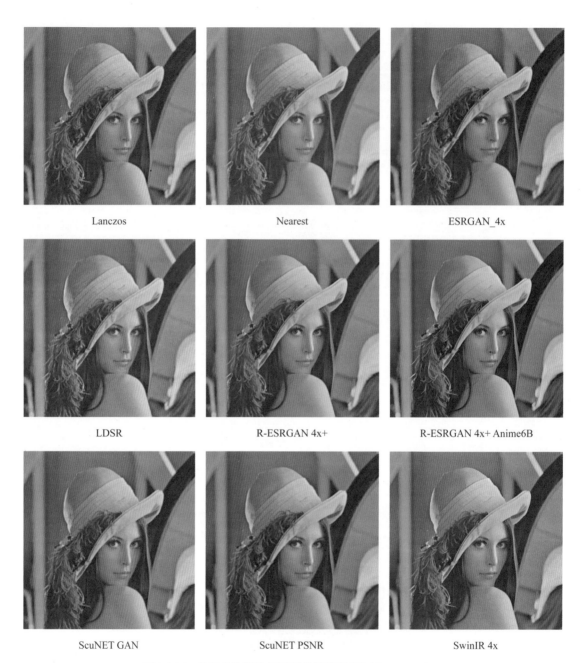

图 3-114　使用各种算法将原图分辨率提高至 2048 × 2048

3.6　从图像中获取提示词

有时候我们看到不错的 AI 生成作品，也会想要获得对应的提示词来自己生成类似的图片，有什么办法吗？本节我们就来介绍几种可以尝试的方案。

3.6.1　使用 PNG Info 提取提示词

在我们使用 Stable Diffusion WebUI 来生成作品时，默认情况下，生成任务中用到的提示词、反向提示词和相关参数信息都会被写入 PNG 图像。对于这种情况，我们只需要读取这些信息就可以获得作品的提示词了，甚至还包括更全面的其他参数信息。

Stable Diffusion WebUI 提供了从图片中读取这些信息的功能页面：PNG Info。该功能是 Stable Diffusion WebUI 的常用功能之一，可以自动填写所有配置信息来还原图像。

使用 PNG Info 的流程如下，如图 3-115 所示。

(1) 在图片输入区导入图片。

(2) 等待一段时间后，如果图片中包含对应的信息，就会显示出来。

(3) 可以在功能区选择将相关参数发送到 txt2img、img2img、inpaint、extras 等功能页面。

图 3-115　使用 PNG Info

这里可以提取到的参数信息包括：

❑　提示词

- ❑ 反向提示词
- ❑ 采样步数
- ❑ 采样器
- ❑ 提示词相关性
- ❑ 种子值
- ❑ 分辨率
- ❑ 模型
- ❑ Clip skip
- ❑ Stable Diffusion WebUI 版本

如果导入的图片并非是由 Stable Diffusion WebUI 生成的，或者图片中的信息被清除过，那么在 PNG Info 中将无法读取到对应的参数信息。

3.6.2　使用模型反推获取提示词

使用 PNG Info 提取提示词本质上是信息的读取，下面我们要介绍的方法则是使用 AI 模型去理解图像内容并推理出对应的提示词。

我们打开 Stable Diffusion WebUI 页面的图生图栏目，可以看到提示词反推功能，如图 3-116 所示。

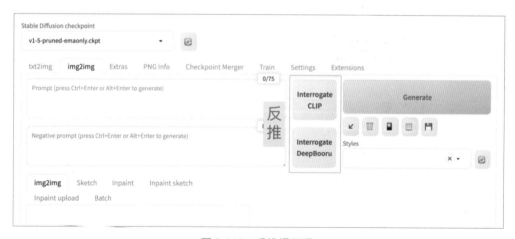

图 3-116　反推提示词

使用模型反推获取提示词包括 Interrogate CLIP 和 Interrogate DeepBooru 两种方式，

1. 使用 Interrogate CLIP 反推获取提示词

Interrogate CLIP 利用了深度学习模型，它能够学习图像与相应文本描述之间的关联，从而用于图像检索、图像描述生成等任务，使用 Interrogate CLIP 反推获取提示词的流程如下，如图 3-117 所示。

(1) 在图片输入区选择并导入图片。

(2) 点击 Interrogate CLIP 按钮开始反推提示词。

(3) 等待提示词输入框出现反推得到的提示词。

图 3-117　使用 Interrogate CLIP 反推提示词

我们反推得到的提示词如下：

> a painting of a woman sitting at a table with a vase of flowers in her lap and a vase of flowers in her lap, post-impressionism, impressionist painting, Blanche Hoschedé Monet, a painting

翻译一下就是：

> 一幅女人坐在桌边的画，她的腿上放着一瓶花，后印象派，印象派绘画，布兰奇·霍舍德·莫奈，一幅画。

可以看出，使用 Interrogate CLIP 反推得到的提示词侧重于图像的内容，包括里面对象的关系。

接下来，我们把上面得到的提示词作为文生图的输入来重新生成一幅图像，如图 3-118 所示。

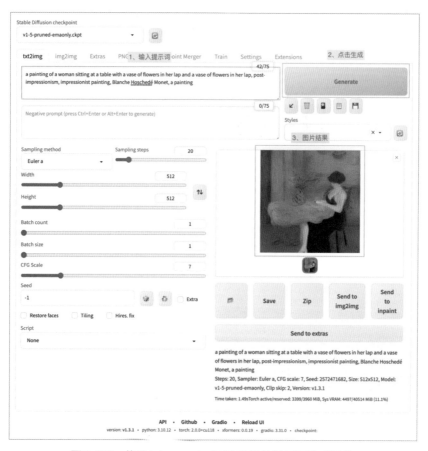

图 3-118　使用 Interrogate CLIP 反推的提示词生成图像

生成的结果与原图有一些差异，不过构图上还是相似的，还原了内容以及对象的关系。

2. 使用 Interrogate DeepBooru 反推获取提示词

Interrogate DeepBooru 是一个用于图像标注和分析的开源项目，它通过训练神经网络模型来自动为图片添加标签，从而方便进行图像管理和搜索。Interrogate DeepBooru 侧重于对图像内容的识别，生成标签。

使用 Interrogate DeepBooru 反推获取提示词的流程如下，如图 3-119 所示。

(1) 在图片输入区选择并导入图片。

(2) 点击 Interrogate DeepBooru 按钮开始反推提示词。

(3) 等待提示词输入框出现反推得到的提示词。

图 3-119　使用 Interrogate DeepBooru 反推提示词

我们在上面示例中反推得到的提示词如下：

> 1girl, acrylic paint \(medium\), book, bookshelf, chair, fine art parody, indoors, painting \(medium\), photo \(medium\), profile, rain, signature, sitting, solo, traditional media, unconventional media

翻译一下就是：

> 一个女孩，丙烯颜料，书，书架，椅子，美术模仿，室内，绘画，照片，轮廓，雨，签名，坐着，独奏，传统媒介，非传统媒介。

可以看出，使用 Interrogate DeepBooru 反推的提示词用一个一个的标签来描述内容特征，但是没有描述对象之间的关系。

同样，我们讲反推出的提示词作为文生图的输入，生成一幅图像，如图 3-120 所示。

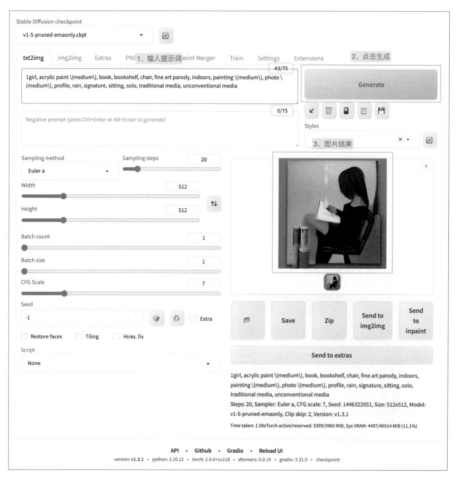

图 3-120　用 Interrogate DeepBooru 反推的提示词生成图像

生成的结果与原画有一些差异，画出了原画中的一些元素，但是生成图中对象之间的关系与原画有很大出入。

3. 叠加使用 Interrogate CLIP 和 Interrogate DeepBooru 反推的提示词

Interrogate CLIP 和 Interrogate DeepBooru 反推的提示词各有特点，前者侧重于图像的内容及对象的关系，后者侧重于生成标签来描述对象的特征，下面我们尝试将两者的特性结合起来，看看效果。

我们就简单将二者反推得到的提示词拼接起来：

> a painting of a woman sitting at a table with a vase of flowers in her lap and a vase of flowers in her lap, post-impressionism, impressionist painting, Blanche Hoschedé Monet, a painting, acrylic paint \(medium\), book, bookshelf, chair, fine art parody, indoors, painting \(medium\), photo \(medium\), profile, rain, signature, sitting, solo, traditional media, unconventional media

然后，我们使用文生图生产新图，效果如图 3-121 所示。

图 3-121 叠加使用反推的提示词

生成的图像效果还不错。在实际使用时，我们可以根据自己的需求组合使用 Interrogate CLIP 和 Interrogate DeepBooru，比如根据图 A 获取描述人物特征的提示词，根据图 B 获取描述图像内容与构图关系的提示词，然后叠加这些提示词来生成新图。此外，反推功能的结果并不一定精确，可以作为参考功能来使用。

3.7　CLIP Skip 功能

CLIP（Contrastive Language-Image Pre-training）是一个能够将提示词文本转换为数字表示的神经网络模型。神经网络可以很好适配数字表示形式，因此 Stable Diffusion 的开发者选择将 CLIP 作为组成其 AI 绘图能力的重要模型之一。

既然 CLIP 是一个神经网络，那就意味着它有很多层，比如 Stable Diffusion 1.5 使用的 CLIP 模型一共有 12 层。我们输入的提示词首先会以一种简单的方式进行预处理，然后输入神经网络。CLIP 神经网络的第一层将我们的提示词作为输入，并输出对应的数字表示，然后将数字表示输入第二层。就这样，通过一层一层的处理和传输，直到 CLIP 的最后一层。最后得到的结果再输入 Stable Diffusion 后续的模块。

在 CLIP 逐层处理提示词的过程中，每一层都比上一层更细分、更具体。比如在第 N 层是 person，那么在 N+1 层可能就细分为 male 和 female，如果在这一层选择了 female 的路径，那么到 N+2 层可能再细分为 woman、girl、lady、mother、grandma 等。注意，这里并不是说 CLIP 模型就是这样的结构，只是概念上是类似的。

既然 CLIP 在逐层处理提示词的过程中会越来越细分和具体，那么最终的处理结果就可能会因为过于细分而偏离我们的预期。比如，我们本来想画 "a cat"，而最终得到的 "an Australian Mist" 可能并不是我们想要的。这时候我们就希望能提前停止 CLIP 的分层处理过程，CLIP Skip 就是用来实现这个功能的。

我们可以把 CLIP Skip 当作是设置 Stable Diffusion 文本模型对提示词处理准确度的一个参数，能够遍历不同的数值从而找到一个符合我们预期的 CLIP Skip 数值。另外需要注意的是，CLIP Skip 只在使用 CLIP 模型时才生效，在 Stable Diffusion 1.x 版本及相关衍生模型中，这个参数是有效的，但是在 Stable Diffusion 2.0 及相关衍生模型中，CLIP Skip 是无效的，因为 Stable Diffusion 新版本将 CLIP 模型换成了 OpenCLIP 模型。

Stable Diffusion WebUI 中使用 CLIP Skip 的步骤如下，如图 3-122 所示。

(1) 打开 Settings 栏目的 User interface 边栏，在 Quicksettings list 下拉框添加 CLIP_stop_at_last_layers 选项。

(2) 依次点击 Apply settings 和 Reload UI 按钮来应用刚才的设置，重启 UI。

(3) 重启 UI 完成后，就可以在页面上部看到 Clip skip 参数的设置区了。

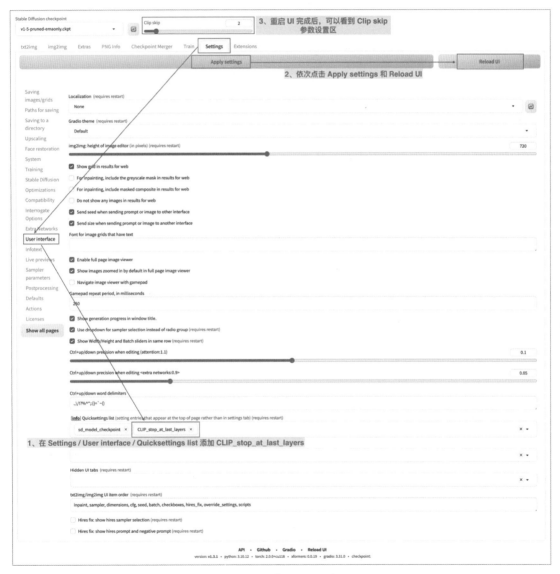

图 3-122　使用 CLIP Skip

当 CLIP Skip 参数值设置为 1 时，表示会用到 CLIP 神经网络的所有层处理的结果，当 CLIP Skip 参数值设置为 2 时，表示会用到 CLIP 神经网络倒数第 2 层处理的结果，即跳过了最后一层，以此类推。

在我们使用 Stable Diffusion 1.5 模型时，CLIP Skip 参数的取值范围是 1~12，这是因为 Stable Diffusion 1.5 的 CLIP 神经网络一共有 12 层。

我们一般设置 CLIP Skip 参数为 1 即可，即不跳过任何一层神经网络。但是针对一些使用 CLIP Skip 训练的微调模型，我们可以使用这个参数来跳过一些层。

3.8　批量生成图像

我们经常会遇到一些需要生成或处理多张图像的需求，如果一张一张来处理未免效率太低，对于这种情况，Stable Diffusion WebUI 提供了多种批量生成图像的功能，可以帮助我们高效地完成大量绘图任务。

3.8.1　文生图中的批量处理功能

在文生图中，我们可以用到的批量处理功能有下面几种。

- ❑ 使用 Batch count 进行批量处理。
- ❑ 使用 Batch size 进行批量处理。
- ❑ 使用 X/Y/Z plot 进行批量处理。
- ❑ 使用 Prompt matrix 进行批量处理。
- ❑ 使用 Prompts from file or textbox 进行批量处理。

1. 使用 Batch count 进行批量处理

Batch count 表示当前生成图像的任务要循环执行的次数。在多次生成任务中，每次使用的提示词和参数都相同，但是 Seed 值会依次递增来保证每次任务生成的结果不重复。

在本示例中，我们使用的提示词如下：

a young girl with brown eyes, wearing a white outfit, sitting outside cafe, side light, full body shot, by Vincent van Gogh

我们使用的反向提示词如下：

worst quality, low quality, grayscale, monochrome, missing arms, extra legs, fused fingers, too many fingers, unclear eyes

我们设置 Batch count 为 8 来批量生成图像，操作步骤和结果如图 3-123 所示。

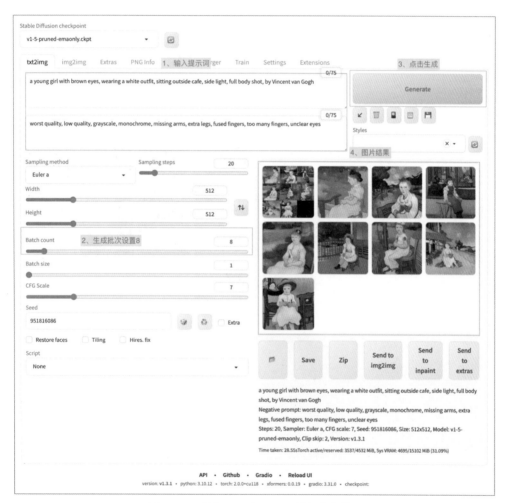

图 3-123 使用 Batch count 进行批量处理

2. 使用 Batch size 进行批量处理

Batch size 表示的是当次生成任务要生成几张图片。对比来看，Batch count 是通过多次运行任务的方式来实现批量处理，以时间换空间；Batch size 则是通过在一次任务里生成多张图来实现批量处理，这样会需要更多显卡内存和计算资源，不过耗时会更短，是以空间换时间。

我们使用相同的提示词和反向提示词，设置 Batch size 为 8 来批量生成图像，结果如图 3-124 所示。

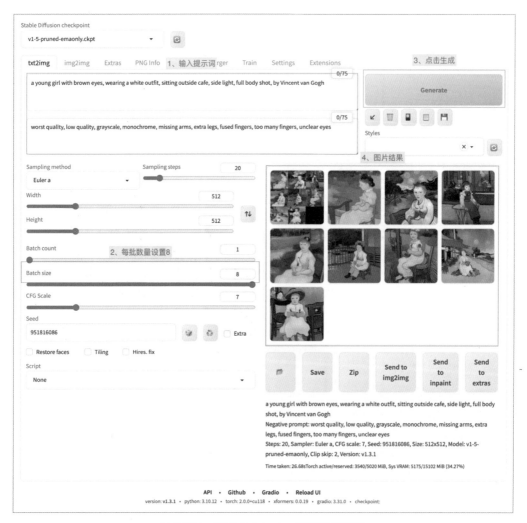

图 3-124　使用 Batch size 进行批量处理

3. 使用 X/Y/Z plot 进行批量处理

X/Y/Z plot 功能可以在 Script 下拉栏中找到，它可以给 3 个维度（X、Y、Z）的参数各设置一组值，并遍历生成对应的图像，这个功能对于测试参数效果非常有用。

我们下面通过几个示例来介绍这个功能。

示例1：批量遍历采样步数

采样步数通过 Sampling steps 参数来设置，默认值为 20。采样步数越大，生成图的效果就越好，但生成速度越慢。那么我们将采样步数设置为多少才是最优的呢？这时候我们可以在其他参数不变的情况下，测试不同的 Sampling steps 参数的效果。

使用 X/Y/Z plot 功能就可以帮助我们批量进行不同参数值的测试，流程如下，如图 3-125 所示。

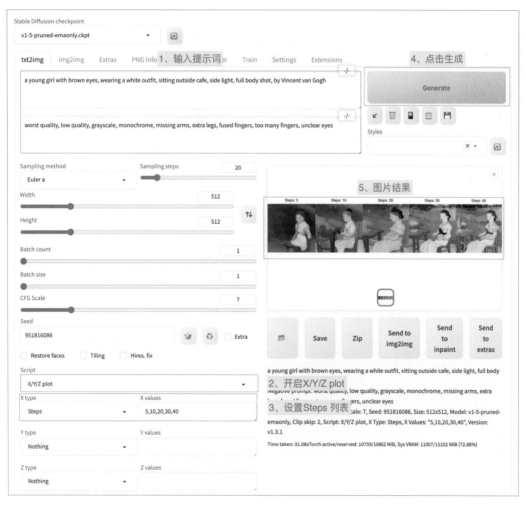

图 3-125　使用 X/Y/Z plot 进行批量处理

(1) 在提示词输入区输入提示词和反向提示词。

(2) 在 Script 下拉框选择 X/Y/Z plot 功能，这时会出现设置 X/Y/Z plot 细分参数的操作区。

(3) 在 X type 下拉框选择采样步数 Steps；在 X values 输入框输入 5,10,20,30,40，表示采样步数遍历使用这些数值分别生成图像。

(4) 点击 Generate 按钮启动生成任务。

(5) 等待生成结果。

我们得到的生成结果如图 3-126 所示，可以发现采样步数超过 30 以后就变化不大了，所以可以得到结论：采样步数设置为 30 以下即可。

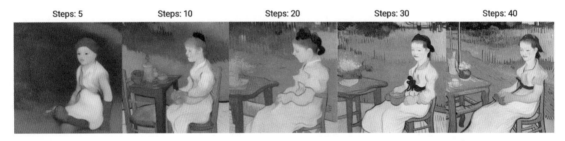

图 3-126　采样步数遍历

在上面第 (3) 步中设置 X values 时，如果 X values 的取值类型是数值类，那么有如下语法可以使用。

❑ 5,10,20,30,40：我们在示例 1 中使用的就是这一语法，以逗号分开各取值，批量任务会依次遍历这些数值作为参数值来生成图像。

❑ 1-5：等同于 1,2,3,4,5。

❑ 1-5(+2)：表示在 1~5 的范围内，每次增加 2 来取值，等同于 1,3,5。

❑ 1-10[5]：表示在 1~10 的范围内按尽量相等的间隔取 5 个值，等同于 1,3,5,7,10

如果 X values 的取值类型是字符串或者其他枚举值，就直接排列即可。

示例 2：批量遍历采样器

我们还可以使用 X/Y/Z plot 批量遍历不同采样器来测试效果，如图 3-127 所示。

图 3-127 采样器遍历

和示例 1 不同，这次我们在 X type 下拉框选择了 Sampler，这时 X values 变成了下拉框，我们可以在这里选择枚举值，我们选择 Euler a、DPM++ 2S a、DPM fast，表示分别遍历这 3 个采样器来生成图像。

最后的生成结果如图 3-128 所示。

图 3-128　采样器遍历结果

示例 3：批量遍历提示词

除了遍历不同的参数外，我们还可以批量遍历不同的提示词来测试对应的生成效果。这时候就需要使用到 Prompt S/R 功能了。

Prompt S/R 表示对提示词中的一些词进行查找和替换，比如对于下面的提示词：

a young girl with brown eyes, wearing a white outfit, sitting outside cafe, side light, full body shot, (by Vincent van Gogh:0.6)

我们想将 (by Vincent van Gogh:0.6) 分别替换为 (by Vincent van Gogh:1.0)、(by Vincent van Gogh:1.2)，看看生成效果。那么我们需要先在 X type 下拉框中选择采样器 Prompt S/R；然后在 X values 输入框中输入 (by Vincent van Gogh:0.6),(by Vincent van Gogh:1.0),(by Vincent van Gogh:1.2)，这样 X/Y/Z plot 就会在提示词中查找 (by Vincent van Gogh:0.6)，并分别替换为 (by Vincent van Gogh:0.6)、(by Vincent van Gogh:1.0)、(by Vincent van Gogh:1.2) 来生成结果，如图 3-129 所示。

图 3-129 提示词遍历

最后我们得到的结果如图 3-130 所示。

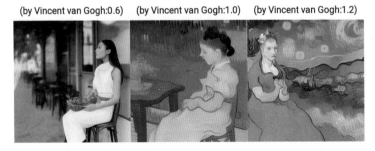

图 3-130 提示词遍历结果

示例 4：批量二维遍历

在示例 1～示例 3 中，我们都是对单一维度的变量做了批量遍历，下面我们增加一个维度来看看效果。

这里我们将 X 轴设置为 Sampler，Y 轴设置为 Prompt S/R，操作步骤如图 3-131 所示。

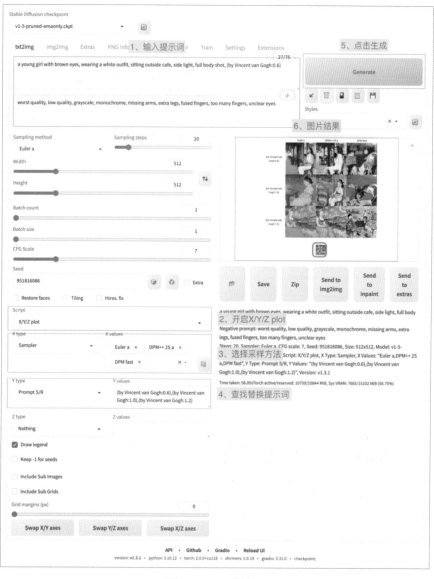

图 3-131　二维遍历

生成结果如图 3-132 所示。

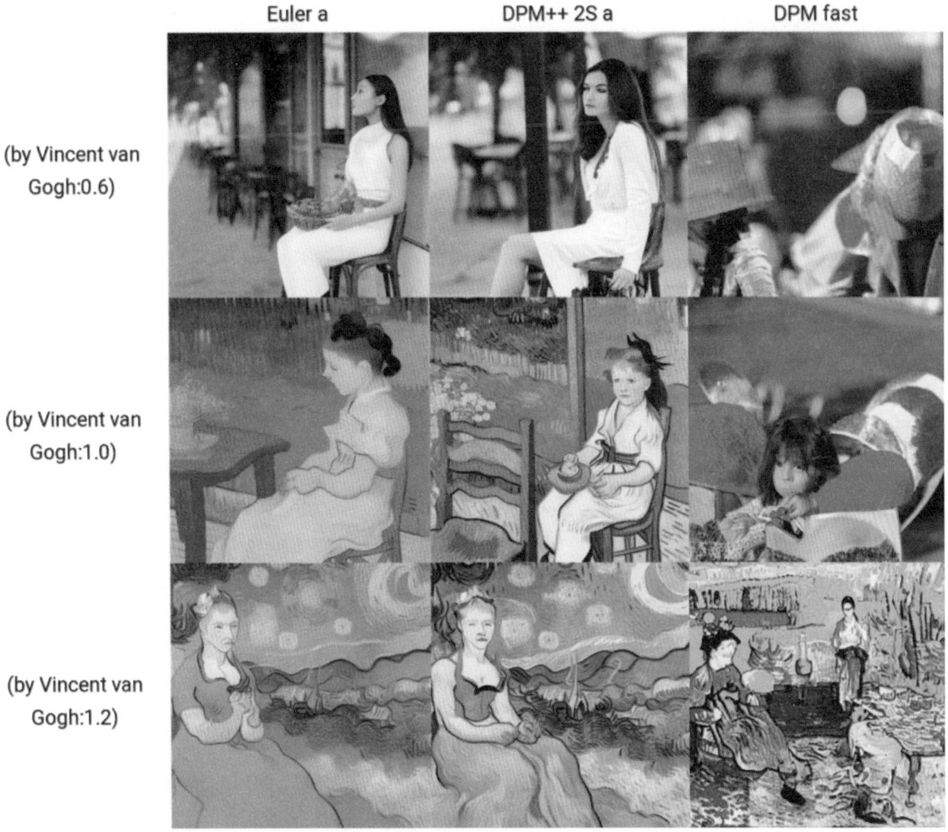

图 3-132　二维遍历结果

示例 5：批量三维遍历

我们已经知道，X/Y/Z plot 最多支持 3 个维度，现在我们来看看三维遍历的效果。

我们将 X 轴设置为 Sampler，Y 轴设置为 Prompt S/R，Z 轴设置为 Steps，操作步骤如图 3-133 所示。

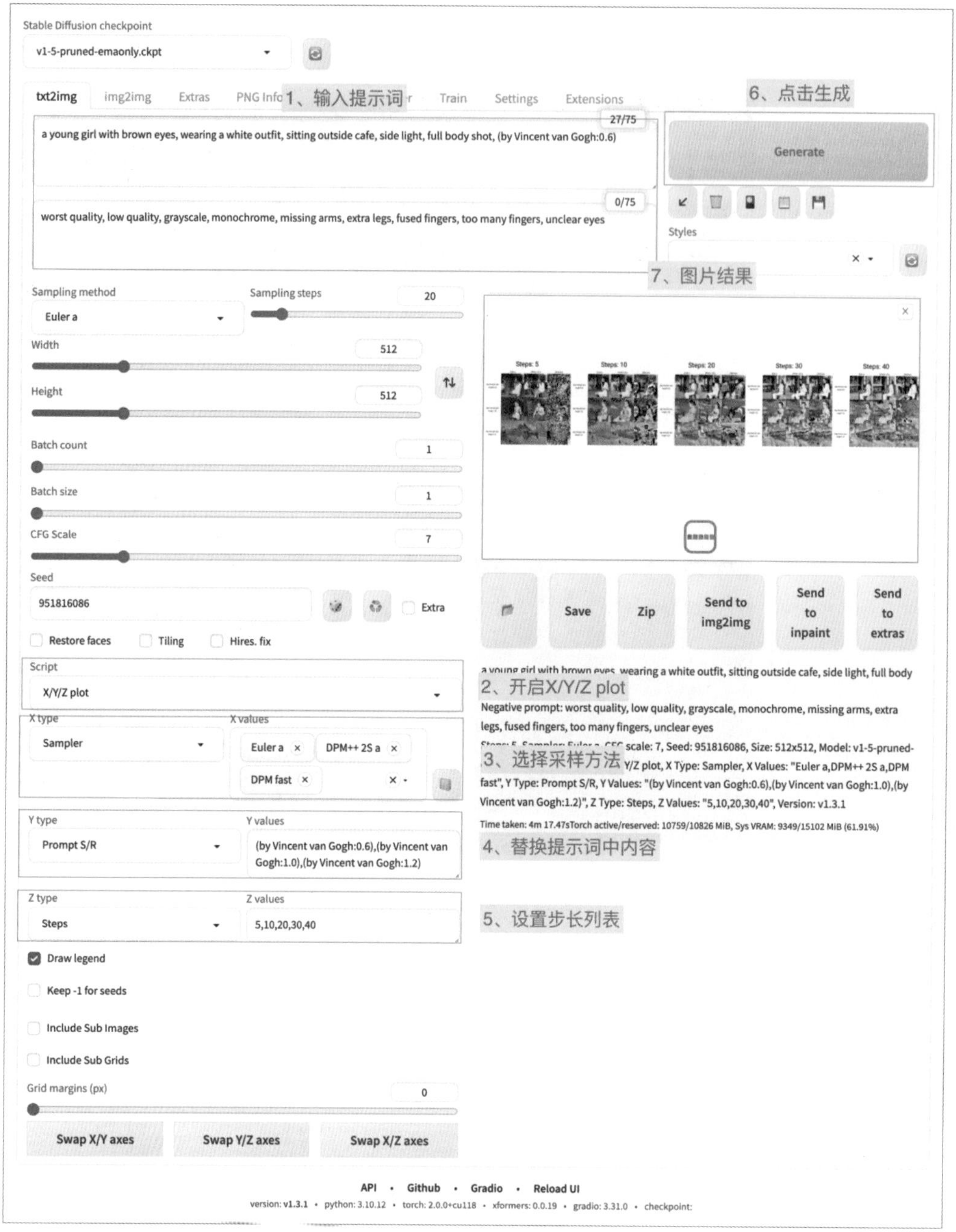

图 3-133　三维遍历

生成的结果图 3-134 所示。

图 3-134　三维遍历结果

其他参数

X/Y/Z plot 功能除了可以设置三个维度的变量及值外，还有一些参数可以设置，如图 3-135 所示。

图 3-135　X/Y/Z plot 的参数

- ❑ Draw legend：绘制轴和类型。
- ❑ Keep -1 for seeds：保持随机种子为 −1，从而每张图都随机。
- ❑ Include Sub Images：预览子图像，生成结果不仅仅包含对比图，还包括每个子图像。
- ❑ Include Sub Grids：预览宫格图，带 Z 轴情况下会拆分子图。
- ❑ Grid margins (px)：宫格图边框，可以用它来设置边框间隔，数值越大间隔越大。

4. 使用 Prompt matrix 进行批量处理

Prompt matrix 叫作**提示词矩阵**，该功能在 Script 下拉栏中。Prompt matrix 可以组合提示词中的不同参数，快速验证不同参数组合的所有效果。

Prompt matrix 的语法是在各提示词之间使用 | 进行分割，竖线前的提示词为固定内容，竖线后的提示词会被组合遍历。

下面是我们使用 Prompt matrix 语法修改过的提示词，其中通过 | 分割了最后 2 个词 full body shot 和 by Vincent van Gogh：

> a young girl with brown eyes, wearing a white outfit, sitting outside cafe, side light | full body shot | by Vincent van Gogh

我们用这个提示词为例，演示一下 Prompt matrix 的使用流程，如图 3-136 所示。

(1) 在提示词输入区输入使用了 Prompt matrix 语法的提示词。

(2) 在 Script 下拉框选择 Prompt matrix，开启提示词矩阵功能，此时下方会出现设置 Prompt matrix 细分参数的操作区。

(3) 点击 Generate 按钮启动生成任务。

(4) 等待生成结果。

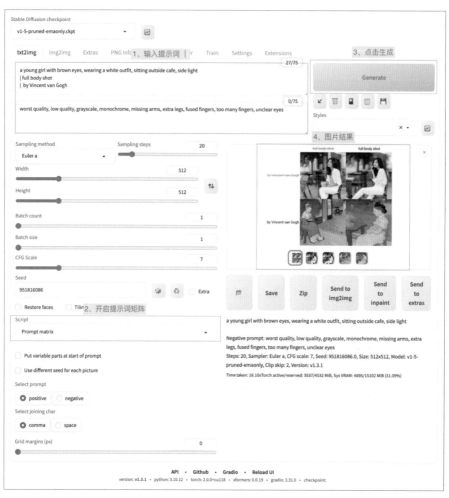

图 3-136　Prompt matrix 使用流程

最终的生成结果如图 3-137 所示，它展现了提示词中 full body shot 组合 by Vincent van Gogh 的 4 种效果，使用这个功能，我们可以非常方便地测试提示词。

~~full body shot~~
full body shot
~~by Vincent van Gogh~~
by Vincent van Gogh

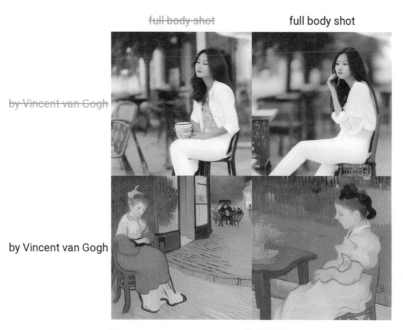

图 3-137 Prompt matrix 生成结果

开启 Prompt matrix 后，可以设置相关的细分参数，如图 3-138 所示。

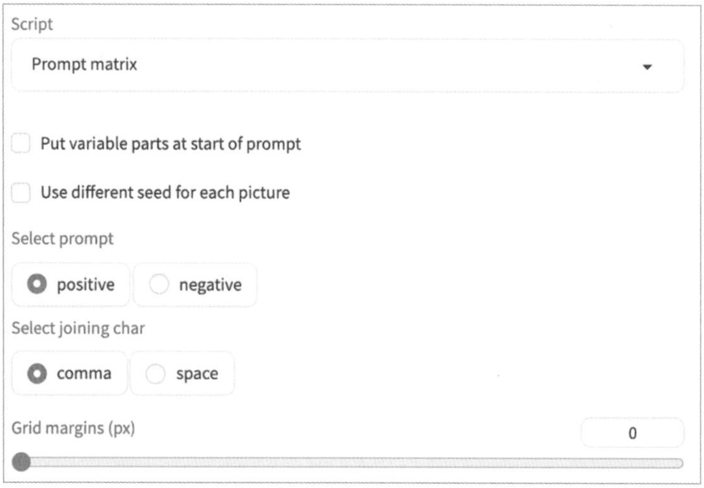

Script
Prompt matrix
Put variable parts at start of prompt
Use different seed for each picture
Select prompt
positive
negative
Select joining char
comma
space
Grid margins (px)
0

图 3-138 Prompt matrix 参数

- ❑ Put variable parts at start of prompt：把可变部分放在提示词文本的开头。基于提示词越靠前权重越高的规则，如果需要提高可变提示词的权重，可以勾选该参数。
- ❑ Use different seed for each picture：为每张图片使用不同的种子。默认使用相同的种子，勾选该参数则会在遍历生成图像时使用不同的种子。
- ❑ Select prompt：选择 Prompt matrix 的应用目标。指定 Prompt matrix 的应用目标是提示词还是反向提示词。
- ❑ Select joining char：选择分割符。选择可变提示词是通过逗号还是空格进行连接。
- ❑ Grid margins (px)：宫格图边框，设置对比图的边框间隔，数值越大间隔越大。

5. 使用 Prompts from file or textbox 进行批量处理

Prompts from file or textbox 功能也是在 Script 下拉栏中，这个功能是使用文本指令来执行图像生成任务的，它支持将图像生成任务中需要的所有参数都通过文本输入给 Stable Diffusion，并且支持一次性输入多条文本指令，从而批量执行多条生成任务。

使用 Prompts from file or textbox 批量执行图像生成任务的流程如下，如图 3-139 所示。

(1) 在 Script 下拉框中选择 Prompts from file or textbox，开启批量生成任务功能，下方会出现设置细分参数的操作区。

(2) 在 List of prompt inputs 输入框中输入提示词指令列表，一行一条，一条提示词指令对应一次生成任务。

(3) 点击 Generate 按钮启动批量生成任务。

(4) 等待生成结果。

我们使用的一条文本提示词指令如下：

--prompt "a young girl with brown eyes, wearing a white outfit, sitting outside cafe, side light, full body shot, by Vincent van Gogh" --negative_prompt "worst quality, low quality, grayscale, monochrome, missing arms, extra legs, fused fingers, too many fingers, unclear eyes" --steps 20 --sampler_name "Euler a" --cfg_scale 7 --seed 951816086 --width 512 --height 512 --batch_size 1

我们以此为例，来介绍一下提示词指令语法。

图 3-139　使用 Prompts from file or textbox 进行批量处理

提示词指令中的参数格式为：-- 参数名 参数值，其中参数名和参数值用空格分开。

常用的参数名如下。

❑ prompt：提示词

❑ negative_prompt：反向提示词

- ❑ seed：种子
- ❑ width：宽度
- ❑ height：高度
- ❑ cfg_scale：提示词相关性
- ❑ sampler_name：采样器名称
- ❑ steps：采样步数
- ❑ batch_count：生成图片次数
- ❑ batch_size：一次生成图片数量
- ❑ restore_face：人脸修复

常用的参数值包括数值型、字符串型、布尔型。

- ❑ 数值型：直接跟在参数名后，比如 --steps 20。
- ❑ 字符串型：用 " " 包裹，跟在参数名后，比如 --sampler_name "Euler a"。
- ❑ 布尔型：值为 true 或 false，跟在参数名后，比如 --restore_face true。

3.8.2　图生图中的批量处理功能

除了文生图中的批量处理功能，图生图中也有一些批量处理功能可供我们使用，方法如下。

(1) 使用 Batch count 进行批量处理。

(2) 使用 Batch size 进行批量处理。

(3) 使用 X/Y/Z plot 进行批量处理。

(4) 使用 Prompt matrix 进行批量处理。

(5) 使用 Prompts from file or textbox 进行批量处理。

(6) 使用 Batch 进行批量处理。

其中前 5 种方法与文生图中的基本一致，这里就不再赘述了。我们主要介绍一下使用 Batch 进行批量处理。

Batch 批量处理功能在图生图页面的 Batch 子栏目中，它可以将指定目录（Input director）下的所有图片依次作为图生图任务的引导图来生成对应的新图，并将新图批量存储到指定的输出目录（Output directory）。

使用 Batch 进行批量处理的流程如下，如图 3-140 所示。

(1) 选择 Batch 子栏目。

(2) 在 Input directory 输入框中设置引导图所在的目录。

(3) 在 Output directory 输入框中设置生成图的输出目录。

(4) 设置图生图相关的其他参数。

(5) 点击 Genrate 按钮开始批量处理任务。

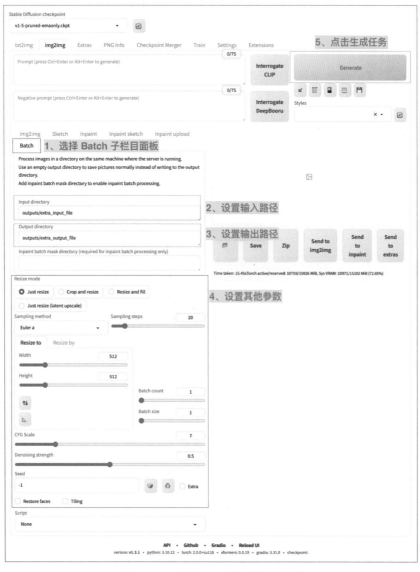

图 3-140　使用 Batch 进行批量处理

　　这里的 Input directory 和 Output directory 可以是相对路径，也可以是绝对路径。如果是相对路径，那么是相对于 Stable Diffusion WebUI 的工作目录。如果是绝对路径，需要确保路径正确，且 Stable Diffusion 对该路径有读写权限。

3.8.3　额外功能中的批量处理功能

　　额外功能中的 Batch Process 和 Batch from Directory 也支持一次处理多张图片，本节我们来了解一下二者的使用步骤。

1. 使用 Batch Process 进行批量处理

　　Batch Process 功能支持一次性上传多张图片进行批量处理，使用流程如下，如图 3-141 所示。

　　(1) 选择 Batch Process 子栏目面板。

　　(2) 在图像输入区上传待处理的图片列表。

　　(3) 设置图片放大的相关参数。

　　(4) 点击 Generate 按钮启动生成任务。

　　(5) 等待生成结果。

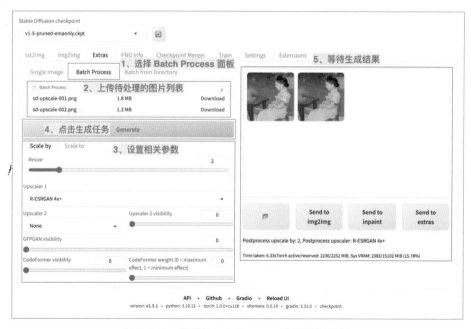

图 3-141　使用 Batch Process 进行批量处理

2. 使用 Batch from Directory 进行批量处理

Batch from Directory 支持对指定文件夹的所有图片进行批量处理，使用流程如下，如图 3-142 所示。

(1) 选择 Batch from Directory 子栏目面板。

(2) 在 Input directory 输入框中设置待处理图片所在的目录。

(3) 在 Output directory 输入框中设置生成图的输出目录。

(4) 设置图像放大的相关参数。

(5) 点击 Generate 按钮启动生成任务。

(6) 等待生成结果。

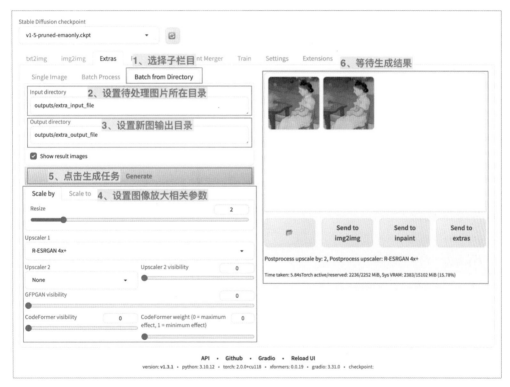

图 3-142 使用 Batch from Directory 进行批量处理

再次注意，这里的 Input directory 和 Output directory 对应的路径可以是相对路径，也可以是绝对路径。如果是相对路径，是相对于 Stable Diffusion WebUI 的工作目录。如果是绝对路径，需要确保路径正确，且 Stable Diffusion 对该路径有读写权限。

第 4 章

Stable Diffusion 高级技巧

Stable Diffusion 的基本模型其实已经可以满足大多数人的 AI 绘画需求了。不过，Stable Diffusion 相比其他 AI 绘画模型的优势就在于它是开源的。为了进一步增强其能力，开源社区的贡献者们为它补充了丰富的开源模型和扩展插件，Stable Diffusion 因此变得更加强大。本章我们就来学习一下 Stable Diffusion 的高级技巧。

4.1 Stable Diffusion 相关模型

随着技术的发展，衍生出很多 Stable Diffusion 相关模型，它们各有特色，可以帮助我们创作不同细分方向的 AI 绘画作品。比较常见的模型如下：

- ❑ Checkpoint 模型
- ❑ VAE 模型
- ❑ Embedding(Textual Inversion) 模型
- ❑ Hypernetwork 模型
- ❑ LoRA 模型
- ❑ Aesthetic Gradients 模型
- ❑ LyCORIS 模型
- ❑ ControlNet 模型

这些模型在我们使用 Stable Diffusion 进行 AI 绘画的过程中会起到不同的作用，其中，Checkpoint 模型是在 Stable Diffusion 基础模型上进行了微调，然后替代它，也成了一种基础模型。其他几个模型则大多是配合基础模型一起工作的扩展模型，它们一般不独立使用，而是作为基础模型的插件来工作。我们将在本节进一步了解这些模型，学习如何在 WebUI 中使用它们。

4.1.1   Stable Diffusion 相关模型介绍

下面我们依次介绍 Stable Diffusion 相关模型。

1. Checkpoint 模型

Stable Diffusion 基础模型具有较好的通用基础能力，但是当我们需要用它来生成特定风格的图片时，生成结果往往离我们的预期还有一定距离，这时候就可以对 Stable Diffusion 基础模型进行微调，获得具有特定风格的微调模型。Checkpoint 模型就是这样一个模型。

Checkpoint 从字面上理解，是"检查点"的意思，这个概念很像我们玩游戏时的存档功能（即保存当前的游戏状态，下次打开游戏时从存档位置继续开始游戏）。训练 AI 模型也有类似的情况，一般来讲训练过程耗时较长，如果缺乏一定的可靠性机制，中途一旦失败，就需要从头开始训练，这会浪费大量时间。因此，通过类似游戏存档的机制来保证可靠性非常必要，这种机制被称为检查点模式。

Checkpoint 模型就是使用检查点模式，在 Stable Diffusion 模型基础上做 Fine-Tune 而来（Fine-Tune 即在前面模型状态的基础上进行调优，针对新数据进行训练，从而获得需要的风格）。对于 Stable Diffusion 来讲，Checkpoint 模型是基础模型，也称为主模型。Checkpoint 模型包含了图像生成任务中所有必需的信息，它决定了 AI 绘画的整体风格，所以只要有 Checkpoint 模型就能完成 AI 绘画的任务。正因为如此，Checkpoint 模型文件通常比较大。

通常，模型的文件的后缀名有 ckpt、pt、pth、safetensor 这 4 种，前面 3 种均为 PyTorch 的标准模型格式，可以嵌入 Python 代码，容易受攻击，而后缀名为 safetensor 的文件一般只包含模型需要的数据，不包含 Python 代码，是一种更安全的模型格式。.safetensor 文件还可以与其他格式的 PyTorch 模型文件进行格式转换，且数据内容无区别，因此，如果模型提供了后缀名为 safetensor 的格式，我们尽量选用该格式。

Checkpoint 模型满足某一类或某几类需求是没有问题的，但对于更加细分的需求，Checkpoint 模型在细节、精准度、灵活性上可能还是会不符合预期，这就需要更加垂直的技术方案。

2. VAE 模型

VAE（Variational Auto-Encoder，变分自动编码器）是由 Diederik P. Kingma 和 Max Welling 在论文 *Auto-Encoding Variational Bayes* 中提出的一种人工神经网络结构。在和 Stable Diffusion 搭配使用时，它的效果类似于我们熟悉的滤镜，可以调整生成图片的色彩饱和度。

3. Embedding 模型

在我们使用提示词来进行 AI 绘画时，为了准确画出我们预期的角色、物品、行为或者画风，通常需要输入比较多的提示词去描述和限定它。但是，对提示词的运用需要积累一定的经验，有没有什么技术可以让我们通过简短的提示词固定某些特定对象的描述呢？这里不得不提到由 Rinon Gal 等人在论文 *An Image is Worth One Word: Personalizing Text-to-Image Generation using Textual Inversion* 中提出的 Textual Inversion 技术。

Textual Inversion 的核心是从少量示例图像中捕捉新概念，它是在文本编码器（Text Encoder）的 Embedding 空间中学习新单词的，因此在使用文本提示词进行 AI 绘画时，这些新单词就可以实现对结果图像的精细控制。简单来讲，就是把一堆提示词描述所能达到的效果打包成一个特殊提示词来完成。

Embedding 模型是使用 Textual Inversion 技术训练产生的结果。由于它只负责文本理解模块，不会改动 Stable Diffusion 模型的训练过程，所以训练成本低、速度快，产生的结果文件也很小。

4. Hypernetwork 模型

Hypernetwork 是 NovelAI 的研发人员提出的一种大模型微调技术，也是一种解决垂直需求的方案。

我们已经知道，Stable Diffusion 使用的扩散模型的扩散过程就是一个降噪生成图像的过程。Hypernetwork 的思路是在扩散过程中的每一步都通过一个额外的小网络来调整降噪的结果，从而影响 Stable Diffusion 的画风。

在训练 Hypernetwork 模型的过程中，Stable Diffusion 模型是锁定起来无法改变的，但是附加的网络是可以改变的，训练过程只需要有限的资源，并且速度非常快，在普通的计算机上就可以完成，Hypernetwork 模型文件通常也比较小。

5. LoRA 模型

LoRA 的全称是 Low-Rank Adaptation of Large Language Models，它原本是微软研究院引入的一项用于进行大模型微调的技术，后来 Simo Ryu 等人提出了适用于 Stable Diffusion 的 LoRA 实现。

这样一来，使得使用自定义数据集来微调 Stable Diffusion 模型变得非常容易且成本很低。并且，LoRA 支持发布单个较小的文件来让别人使用你的微调模型。这些优势成为 LoRA 模型能够流行起来的基础。

LoRA 对大模型的微调方式跟 Hypernetwork 很类似，它们都是通过改变 Stable Diffusion 的交叉注意层（Cross-Attention Layers）实现微调，不同之处在于 LoRA 是改变 Cross-Attention 的权重，Hypernetwork 则是嵌入额外的神经网络。用户普遍发现，LoRA 模型能产生更好的效果，它不仅擅长调整画风，还可以用于动作、角色等其他特定概念。

6. Aesthetic Gradients 模型

Aesthetic Gradients 也是对 Stable Diffusion 模型进行微调的一种方案，它可以实现图像生成风格的自定义，创建独特的美学风格。该方案由 Victor Gallego 在论文 *Personalizing Text-to-Image Generation via Aesthetic Gradients* 中提出。

Aesthetic Gradients 译为美学梯度，该模型的思路是通过微调 CLIP 文本编码器，将文本编码输出表示由原特征空间 A 投影到另外的"美学"特征空间 B，进而在降噪过程中逐步生成具备该"美学"风格的图像。

由于这种特征空间的转换是朝着"美学"风格方向收敛，所以该方案命名为美学梯度模型定制化方案。不过现在它已经是比较落后的模型方案了。

7. LyCORIS 模型

LyCORIS 的全称为 Lora beYond Conventional methods, Other Rank adaptation Implementations for Stable diffusion，是一个类似 LoRA 的微调方案。它通过不同算法来对 Stable Diffusion 进行高效的参数微调。

LyCORIS 在 LoRA 的基础上做了一些算法和技术实现方面的优化，形成 LoCon（LoRA for Convolution Network）和 LoHa（LoRA with Hadamard）等优化方案。LoCon 在 LoRA 的基础上通过矩阵乘法降阶来降低参数的量，LoHa 则在 LoRA 的基础上通过哈达马积进一步降低参数的量，以期获得比 LoRA 更好的微调效果。

8. ControlNet 模型

ControlNet 是一种通过添加额外条件来控制扩散模型的神经网络结构。它提供了一种增强稳定扩散的方法，在文本到图像的生成过程中，通过条件输入（如边缘映射、姿势识别等），让生成图像更接近输入图像，这比传统的图生图方法有了很大的改进。

在 Stable Diffusion 的基础上使用 ControlNet，相当于给 Stable Diffusion 加了一个精细的生成控制插件。在控制生成图的姿态、线条、结构、深度等方面有非常惊艳的效果。

ControlNet 模型根据其使用的算法可分为不同的模型，比如用于轮廓线稿控制的 Canny 模型、用于柔和线稿控制的 SoftEdge 模型、用于精细线稿控制的 Lineart 模型、用于涂鸦控制的 Scribble 模型等，我们将在 4.4 节具体介绍。

4.1.2　配置 Stable Diffusion 相关模型

接下来我们介绍一下如何在 Stable Diffusion WebUI 中配置 Stable Diffusion 相关模型。

1. Stable Diffusion WebUI 模型和扩展插件的配置路径

Stable Diffusion WebUI 项目专门留出了固定的目录，方便大家配置自己要用的模型及扩展插件，配置方式就是将你想要用的模型复制到该目录下即可。目录主要有下面这些。

❑ stable-diffusion-webui/models/Stable-diffusion：这个目录下可以配置原版的 Stable Diffusion 基础模型，以及微调过的 Checkpoint 模型。

❑ stable-diffusion-webui/models/VAE：这个目录下可以配置 VAE 模型。

❑ stable-diffusion-webui/embeddings：这个目录下可以配置 Embedding 模型。

❑ stable-diffusion-webui/models/hypernetworks：这个目录下可以配置 Hypernetwork 模型。默认情况下可能没有 hypernetworks 这个目录，需要自己创建。

❑ stable-diffusion-webui/models/Lora：这个目录下可以配置 LoRA 模型。默认情况下可能没有 Lora 这个目录，需要自己创建。

❑ stable-diffusion-webui/extensions：这个目录下可以安装各种扩展插件。一般是把对应的扩展项目或者 git 项目复制过来。我们前面提到的 Aesthetic Gradients 模型、LyCORIS 模型、ControlNet 模型在 Stable Diffusion WebUI 中都是通过扩展的方式来配置使用的。

2. Stable Diffusion WebUI 模型配置示例

在实际应用中，我们最常用到的模型是 Checkpoint 模型和 LoRA 模型，偶尔也需要配置一下 VAE 模型。我们就以这 3 种模型为例来介绍一下配置流程。

(1) 模型发现和下载站点

在配置模型之前，我们通常需要先挑选和下载模型，这里给大家推荐几个常用的模型下载站点。

❑ HuggingFace：一个用户共享机器学习模型和数据集的平台。
❑ Civitai：一个 AI 艺术绘画模型资源分享和发现的平台，它对各种模型做了分类，并且有如图 4-1 这样的对应模型生成结果的展示，方便我们寻找自己想要的模型。

图 4-1　Civitai 界面展示

如果因为网络问题无法访问 Civitai，可以使用国内的替代站点，比如哩布哩布 AI、炼丹阁等，界面分别如图 4-2 和图 4-3 所示。

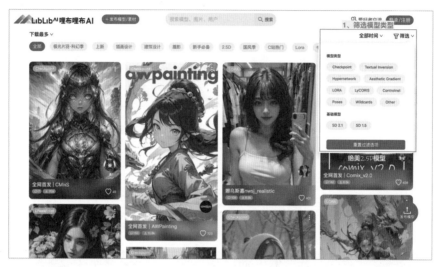

图 4-2　哩布哩布 AI

图 4-3　炼丹阁

(2) 配置 Checkpoint 模型并测试模型效果

首先我们在哩布哩布 AI 上挑选一个 Checkpoint 主模型，假设我们选择明快 CrispMix，如图 4-4 所示。

然后我们将下载好的 CrispMix_v1.0.safetensors 文件放到 stable-diffusion-webui/models/Stable-diffusion 目录下，接着启动 WebUI 来测试模型配置效果。

图 4-4　Checkpoint 主模型：明快 CrispMix

　　如图 4-5 所示，界面左上角的 Stable Diffusion checkpoint 的下拉框中已经有这个模型了，我们选择加载使用它。

图 4-5　配置结果

　　下面我们尝试用这个主模型来生成图片，看看效果是不是符合预期。我们输入如图 4-6 所示的提示词，并调整相关参数。

图 4-6　画图效果

生成的图片如图 4-7 所示，可以发现图片有点暗。

图 4-7　结果图像 1

通常，我们选择的主模型需要额外的 VAE 模型来辅助调整生成图片的色彩饱和度。

(3) 配置 VAE 模型并测试模型效果

我们接下来介绍一下如何配置 VAE 模型。

不过，在这之前我们先来配置一下用于展示选择 VAE 模型的下拉框，如图 4-8 所示。

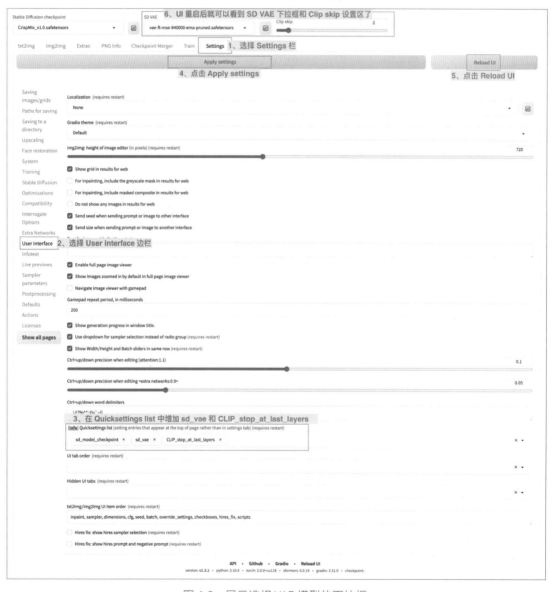

图 4-8　展示选择 VAE 模型的下拉框

下载 VAE 模型文件并将 vae-ft-mse-840000-ema-pruned.safetensors 文件放到 stable-diffusion-webui/models/VAE 目录下。然后，我们就可以点击 SD VAE 下拉框右边的刷新按钮，并在 SD VAE 下拉框选择使用这个 VAE 模型了，如图 4-9 所示。

图 4-9　刷新并选择 VAE 模型

这时，我们再次使用同样的提示词和相关参数来重新执行上面的生成任务，如图 4-10 所示。

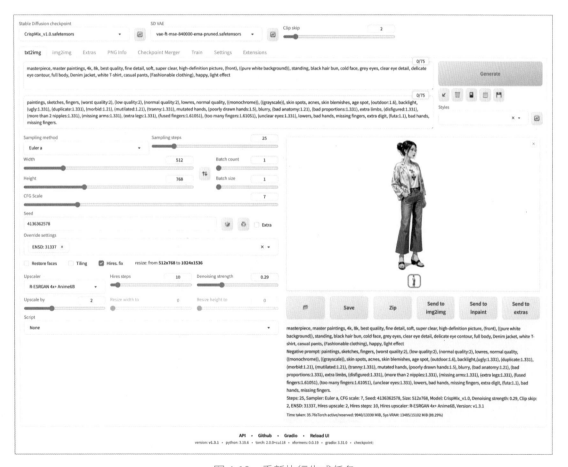

图 4-10　重新执行生成任务

可以看到这次画出来的图像色彩鲜明，效果好了很多，如图 4-11 所示。

图 4-11 结果图像 2

(4) 配置 LoRA 模型并测试模型效果

下面以 Cartoon portrait 为例，介绍 LoRA 模型的配置。

首先在 Civitai 上找到 Cartoon portrait 并下载，如图 4-12 所示。

图 4-12　选择 cartoon_portrait LoRA 模型

然后将下载好的 cartoon_portrait_v2.safetensors 文件放到 stable-diffusion-webui/models/Lora 目录下，重启 Stable Diffusion WebUI。

接着点击 Generate 按钮下面的 Show/hide extra networks 小按钮，并在展开的 Extra Networks 面板中选择 Lora 栏下的 cartoon_portrait_v2 模型，提示词输入框会自动添加模型对应的标签词 <lora:cartoon_portrait_v2:1.0>，如图 4-13 所示。

图 4-13　查看 LoRA 模型

对于 LoRA 模型的使用，有两点需要注意。

- LoRA 模型标签。我们上面提到的 <lora:cartoon_portrait_v2:1.0> 是 LoRA 模型的标签，它遵循 <lora:LORA-FILENAME:WEIGHT> 这样的语法，LORA-FILENAME 是你要用到的 LoRA 模型的文件名（不包含后缀名），WEIGHT 则是设置模型的权重，具体设置多少一般需要参考模型发布者的介绍。比如 <lora:cartoon_portrait_v2:1.0> 就是对应我们要用到的 cartoon_portrait_v2.safetensors 模型，并设置权重为 1.0。

- LoRA 模型触发词。有的 LoRA 模型需要一些特定的提示词来触发，比如我们用到的 cartoon_portrait_v2 模型的触发词就是 cartoon_portrait。LoRA 模型需要与匹配的 Checkpoint 主模型一起使用。比如我们用到的 cartoon_portrait_v2 模型可以和 Stable

Diffusion 1.5 主模型一起使用。至于不同的 LoRA 模型需要搭配什么样的 Checkpoint 主模型，可以参考 LoRA 模型发布者的建议来选择。

我们在提示词里加上触发词、调整一下模型权重，就可以尝试生成图像了，如图 4-14 所示。

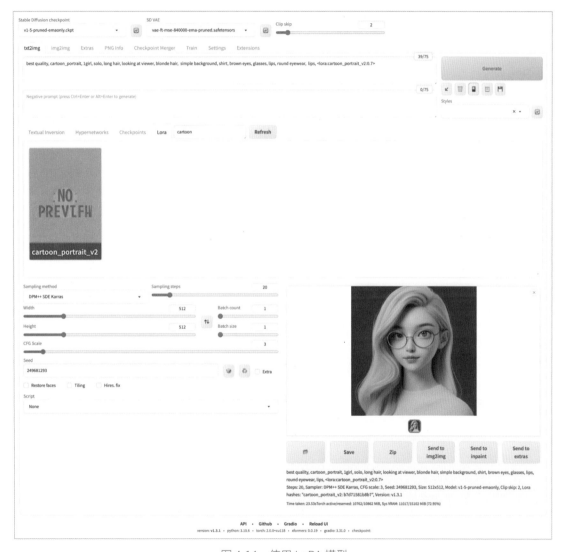

图 4-14　使用 LoRA 模型

得到的生成结果如图 4-15 所示。

图 4-15　使用 LoRA 模型的效果

4.1.3　其他常用 Stable Diffusion 相关模型

表 4-1~ 表 4-3 为大家简单列出了常用的 Checkpoint 模型、LoRA 模型和 VAE 模型，想了解更多细节的读者可以自行查阅相关资料。

表 4-1　Checkpoint 模型

模　　型	说　　明
Stable Diffusion 1.5	Stable Diffusion 原模型 v1.5
Anything	二次元风格图像生成
AbyssOrangeMix2	二次元风格图像生成
OrangeMixs	二次元风格图像生成
Counterfeit	高质量二次元人物和风景图像生成
MeinaMix	高质量二次元风格人物图像生成
ChilloutMix	亚洲真人照片风格图像生成
Deliberate	欧美真人照片风格图像生成
DreamShaper	写实、原画等多种风格的人像和风景图像生成
Lyriel	支持多种风格的人物和风景图像生成
Protogen	支持多种风格的人物和风景图像生成
Dreamlike diffusion	插画风格图像生成
Dreamlike photoreal	真实风格图像生成
Realistic vision	真实世界风格的任务和环境图像生成
DDicon	B 端风格元素图像生成，配合 DDICON_lora 的 LoRA 模型使用

（续）

模　　型	说　　明
Product Design	工业产品设计相关图像生成
Isometric Future	等距微缩风格图像生成
Vectorartz Diffusion	等距微缩风格图像生成
Isometric Future	矢量风格图像生成
Samdoesarts Ultmerge	Samdoesarts 艺术风格图像生成
Flonix MJ Style	Flonix MJ 插画风格图像生成
architectural design sketches with markers	建筑设计草图风格图像生成
XSarchitectral-InteriorDesign-ForXSLora	室内设计风格图像生成
ReV Animated	动漫人物或场景的 2.5D 或 3D 图像生成

表 4-2　LoRA 模型

模　　型	说　　明	推荐搭配主模型
KoreanDollLikeness	韩国真人照片风格	ChilloutMix
JapaneseDollLikeness	日本真人照片风格	ChilloutMix
ThaiDollLikeness	泰国真人照片风格	ChilloutMix
墨心	水墨画风格	ChilloutMix
Gacha splash LORA	带背景的立绘风格	-
沁彩 Colorwater	水彩风格	-
blindbox	盲盒娃娃风格	RevAnimated
DDicon_lora	B 端元素风格	DDicon
Freljord	场景风格	-
剪纸	剪纸风格	-
Anime Lineart	线稿画风格	Anything v4.5
Concept Scenery Scene	风景场景风格	Counterfeit v2.5
Howls Moving Castle	哈尔移动城堡风格	-
Makoto Shinkai	新海诚风格	-
Studio Ghibli Style	吉卜力风格	Anything v4.5
Airconditioner	城镇、荒野等风景场景风格	-
Stamp_v1	图标 Logo 风格	-

表 4-3　VAE 模型

模　　型	说　　明
vae-ft-ema-560000-ema-pruned	Stability AI 官方发布的 VAE，适用于大部分场景
vae-ft-mse-840000-ema-pruned	Stability AI 官方发布的 VAE，适用于大部分场景
kl-f8-anime2	适用于二次元动漫场景
Grapefruit VAE	适用于二次元动漫场景

想要获得更多、更丰富的模型，可以到 Civitai 等下载站点自行发现和查找。

4.2 配置 Stable Diffusion 扩展插件

Stable Diffusion WebUI 除了支持配置各种类型的模型外，还支持配置各种扩展插件，从而提供更多丰富的功能。本节我们就来讲一讲如何在 Stable Diffusion WebUI 中配置各种扩展插件。

我们已经知道，在 Stable Diffusion WebUI 中配置扩展插件的目录是 stable-diffusion-webui/extensions。

在 WebUI 中有两种方式来实现配置扩展插件。

❑ 在 WebUI 页面中配置扩展插件。这种方式在界面操作即可，但不利于我们理解 WebUI 目录的作用，有时候遇到问题可能不好解决。

❑ 在 WebUI 目录中配置扩展插件。这种方式需要在命令行操作，但是更利于我们理解 WebUI 目录的作用。我们更推荐使用这种方式。

下面我们分别介绍一下这两种方式。

4.2.1 在 WebUI 页面中配置扩展插件

启动 Stable Diffusion WebUI 进入页面后，打开 Extensions 栏，可以看到 Installed 栏下已经列出一些内置的扩展插件了，如图 4-16 所示。

图 4-16 已经内置的扩展插件

在 WebUI 页面中额外配置扩展插件的步骤如下。

(1) 打开 Extensions 栏下的 Install from URL 栏，在 URL for extension's git repository 下的输入框中输入扩展插件的 Git 地址，以 ControlNet 为例，如图 4-17 所示。

图 4-17 输入 ControlNet 扩展插件的 Git 地址

(2) 点击 Install 按钮。等待数秒，你应该会收到 Installed into stable-diffusion-webui/extensions/sd-webui-controlnet. Use Installed tab to restart 的消息。

(3) 打开 Extensions 栏下的 Installed 栏，点击 Check for updates 按钮，然后点击 Apply and restart UI 按钮，等待更新检查完成。

(4) 重启 Stable Diffusion WebUI，再次打开 Extensions 栏下的 Installed 栏。这时你应该可以看到列表中多了新配置的 ControlNet 扩展插件，如图 4-18 所示。

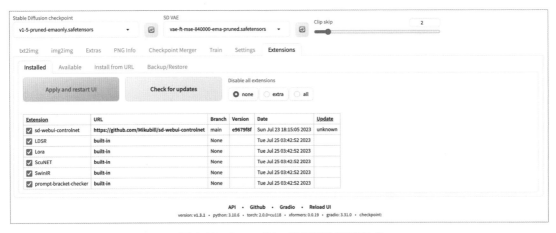

图 4-18 ControlNet 扩展插件配置完成

针对 ControlNet 这款插件，我们还可以看到 txt2img 栏下多了 ControlNet 面板，我们可以在这里使用它的相关功能，如图 4-19 所示。

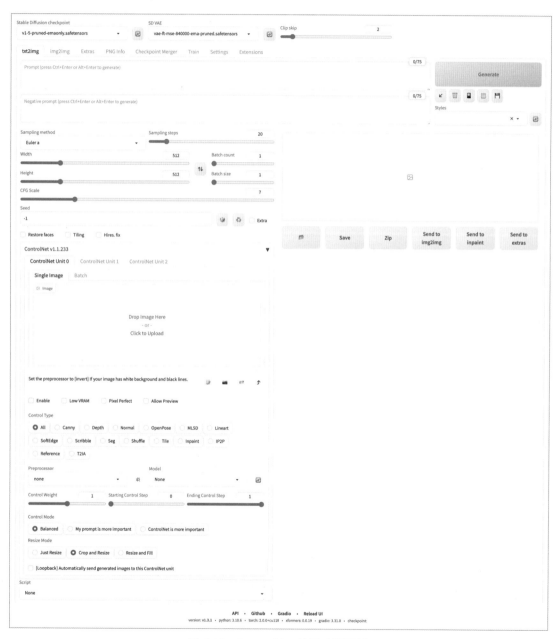

图 4-19　ControlNet 扩展功能面板

4.2.2　在 WebUI 目录中配置扩展插件

在 WebUI 目录中配置扩展插件的步骤如下。

(1) 通过命令行进入 stable-diffusion-webui/extensions/ 目录。

(2) 在 stable-diffusion-webui/extensions/ 目录通过 git clone 命令将扩展插件下载下来即可。以 ControlNet 这款扩展插件为例，我们在命令行输入以下命令：

```
git clone https://github.com/Mikubill/sd-webui-controlnet.git
```

等待下载完成，可以看到目录下多了一个 sd-webui-controlnet 文件夹。

(3) 重启 Stable Diffusion WebUI，再次打开 Extensions 栏下的 Installed 栏。这时可以看到列表中多了新配置的 ControlNet 扩展插件。同样，txt2img 栏下会出现 ControlNet 面板，我们可以在这里使用它的相关功能。

4.2.3　常用的扩展插件

除了上面示例的 ControlNet 扩展插件，还有很多其他的扩展插件可以配置使用，表 4-4 为大家列出了常用的扩展插件，以供大家选择。

表 4-4　常用扩展插件

扩　　展	说　　明
ControlNet	精细控制出图
Civitai Helper/Model Info Helper	管理和展示模型信息
Tag Complete	提示词自动补全工具
Openpose Editor	骨骼姿势编辑工具
Posex	骨骼姿势编辑工具
Localization zh_CN	中文汉化
Bilingual Localization	中文汉化
Cutoff	控制色彩提示词影响范围
Depth Library	手势姿势选择
LoRA Block Weight	LoRA 分层权重调控
Latent Couple	画面分区绘制
Composable LoRA	多个 LoRA 分割控制
Images Browser	已生成图库浏览器
LyCORIS	LyCORIS 扩展插件支持对 LyCORIS 模型的使用

我们可以用上面配置扩展插件的方法，选择自己想用的扩展插件来配置使用。

4.3 使用微调模型控制风格的案例

我们已经介绍过如何在 Stable Diffusion WebUI 中配置各种模型，这些模型最大的用处就是支持我们进行不同风格、不同场景的高质量 AI 绘图。那么如何进行组合使用呢？本节我们就来欣赏一下这些示例图片（图 4-20～图 4-29）的风格，顺便了解模型搭配方案。

主模型：ChilloutMix
LoRA 模型：koreanDollLikeness_v10

主模型：ChilloutMix
LoRA 模型：japaneseDollLikeness_v15、koreanDollLikeness_v20、Cute_girl_mix4、ChilloutMixss3.0

主模型：ChilloutMix
LoRA 模型：koreanDollLikeness_v15

主模型：ChilloutMix
LoRA 模型：koreanDollLikeness_v15

图 4-20 真人照片风格

主模型：Counterfeit-V3.0

主模型：MIX-Pro-V4
LoRA 模型：Airconditioner

主模型：Counterfeit-V3.0
LoRA 模型：Pyramid_lora_Ghibli_Background

主模型：Counterfeit-V3.0
LoRA 模型：Pyramid_lora_Ghibli_Background

图 4-21 风景画作风格

主模型：Meina V11　　　主模型：Meina V11　　　主模型：Counterfeit-V3.0　　主模型：ReV Animated v1.2.2

　　　　　　　　　　　　　　　　　　　　　　LyCORIS 模型：pseudo-daylight　　LoRA 模型：Studio Ghibli Style LoRA

图 4-22　二次元漫画人物风格

主模型：Isometric Future　　主模型：Realistic Vision V2.0　　主模型：Lyriel　　　　　主模型：Isometric Future

　　　　　　　　　　　　　LyCORIS 模型：Miniature world style　　LoRA 模型：Isometric Chinese style

　　　　　　　　　　　　　　　　　　　　　　　　　　　　Architecture LoRa

图 4-23　等距微缩风格

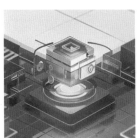

主模型：DDicon　　　　主模型：DDicon　　　　主模型：ReV Animated v1.1　　主模型：Product Design eddiemauro 2.0

　　　　　　　　　　　LoRA 模型：DDicon_lora　　LoRA 模型：DDicon_lora　　LoRA 模型：DDicon_lora

图 4-24　B 端元素风格

主模型：ReV Animated v1.2.2　　主模型：ReV Animated v1.1　　主模型：ReV Animated v1.1　　主模型：ReV Animated v1.1
LoRA 模型：3D rendering style　　LoRA 模型：blindbox v1 mix　　LoRA 模型：blindbox v1 mix　　LoRA 模型：blindbox v1 mix
3DMM_V12

图 4-25　2.5D 和 3D 风格

主模型：Stable Diffusion v1.5　　主模型：architecture_Exterior_　　主模型：architecture_Exterior_　　主模型：XSarchitecturalV3
LoRA 模型：architectural design sketches with markers　　SDlife_Chiasedamme　　SDlife_Chiasedamme　　LoRA 模型：XSArchi_127
　　LoRA 模型：house_architecture_　　LoRA 模型：house_architecture_
　　Exterior_SDlife_Chiasedamme　　Exterior_SDlife_Chiasedamme

图 4-26　建筑设计风格

主模型：XSarchitectural-InteriorDesign-　　主模型：XSarchitectural-InteriorDesign-　　主模型：XSarchitectural-InteriorDesign-　　主模型：XSarchitectural-InteriorDesign-
ForXSLora　　ForXSLora　　ForXSLora　　ForXSLora
　　　　LoRA 模型：XSarchitectural-　　LoRA 模型：XSarchitectural-
　　　　38InteriorForBedroom　　38InteriorForBedroom

图 4-27　室内设计风格

主模型：Stable Diffusion v1.5　　主模型：Stable Diffusion v1.5　　　　主模型：Stable Diffusion v1.5　　　　主模型：Stable Diffusion v1.5
LoRA 模型：剪纸　　　　　　　　LoRA 模型：剪纸　　　　　　　　　LoRA 模型：剪纸　　　　　　　　　LoRA 模型：剪纸

图 4-28　剪纸风格

主模型：AbyssOrangeMix3　　　　主模型：Stable Diffusion v1.5　　　主模型：Deliberate v1.1　　　　主模型：3D Thick coated UP V4
LoRA 模型：Anime Lineart/Manga-like　LoRA 模型：Anime Lineart/Manga-like　LoRA 模型：Anime Lineart/Manga-like　LoRA 模型：Anime Lineart/Manga-like

图 4-29　线稿风格

　　本节列出的案例只是 Stable Diffusion WebUI 搭配各种微调模型所能支持的一小部分风格，大家可以到模型发现和下载网站中寻找更多模型来创作其他风格的作品。

4.4　使用 ControlNet 精细控制生成结果

　　ControlNet 模型擅长控制生成结果的细节，本节我们就来更具体地学习一下如何使用它。

　　在使用之前，我们需要先将 ControlNet 模型配置好。在 Stable Diffusion WebUI 中，ControlNet 模型是通过扩展插件的方式来配置使用的，我们在 4.2.1 节介绍配置扩展插件时，就是以 ControlNet 模型为例的，此处不再赘述。

　　ControlNet 模型根据其使用的算法又可以分为不同的模型，本节我们会依次介绍这些常用的模型，所以大家可以先从 https://huggingface.co/lllyasviel/ControlNet-v1-1/tree/main 下载后缀名为 .pth 的 ControlNet 的模型文件，并把它们放到 stable-diffusion-webui/extensions/sd-webui-controlnet/

models 文件夹。然后在 txt2img 栏下的 ControlNet 面板中，点击 Model 下拉框右边的刷新按钮，你就能在下拉框中看到更多的模型了。

我们下面以 ControlNet V1.1.233 版本为例，介绍 ControlNet 的各类精细控制一般使用哪些模型。

4.4.1   简稿控图

所谓简稿控图，就是通过简单的线条信息、明暗信息、空间信息、色块信息，来控制生成的图片。

1. Canny 模型：轮廓线稿控制

Canny 模型可以对原始图片进行边缘检测，识别其中对象的轮廓，从而生成原始图片对应的线稿图。我们基于线稿图和提示词，就可以生成具有同样线稿结构的新图了，进而实现对新图的控制。

下面就介绍一下如何在 Stable Diffusion WebUI 中通过 ControlNet 扩展插件来使用 Canny 模型，我们使用的引导图如图 4-30 所示。

图 4-30   引导图

第一步，用引导图生成轮廓线稿图，整个过程如图 4-31 所示。

图 4-31 Canny 模型生成轮廓线稿图

我们进一步说明一下图 4-31 中的步骤。1、2 两步很好理解；第 3 步勾选 Enable 选择框是为了在后续绘图任务中启用 ControlNet，勾选 Allow Preview 选择框表示开启预处理图的预览功能；第 4 步的 Control Type 为单选区域，我们选择了某种控制类型后，WebUI 将为我们自动匹配对应的预处理器（Preprocessor）和 ControlNet 模型（Model），这里我们选择了 Canny；5、6 两步是自动匹配的，如果想使用其他的预处理器或模型，在下拉框中选择即可。

第 7 步中可以设置的参数有以下这些，一般使用默认参数设置即可。

❑ Control Weight：使用 ControlNet 的权重（多个模型组合使用时，需要设置每个模型的权重）。

❑ Starting Control Step：在生成任务的第几步采样中开始使用 ControlNet。

❑ Ending Control Step：在生成任务的第几步采样中停止使用 ControlNet。

❑ Preprocessor Resolution：预处理器的分辨率，默认为 512。数值越高，线条越精细；数值越低，线条越粗糙。

❑ Canny Low Threshold：此数值越高，生成的线稿图细节越少、越简单。

❑ Canny High Threshold：此数值越低，生成的线稿图细节越多、越复杂。此数值应该高于 Canny Low Threshold。

❑ Control Mode：控制模式。选择 Balanced 表示平衡提示词和 ControlNet 对结果的影响；选择 My prompt is more important 表示设置提示词对结果的影响更大；选择 ControlNet is more important 表示设置 ControlNet 对结果的影响更大。

❑ Resize Mode：设置当预处理线稿图跟生成任务的目标分辨率不一样时，采用何种裁剪模式，默认使用 Crop and Resize。

接着启动预处理任务，在预览区等待轮廓线稿图生成完成就好了，对应图 4-31 中的 8、9 两步。

我们生成的轮廓线稿图如图 4-32 所示。

图 4-32　轮廓线稿图

第二步，在轮廓线稿图的基础上，使用文生图功能生成同样姿势的新图，整个过程如图 4-33 所示。

图 4-33　使用文生图功能生成同样姿势的新图

　　这里我们选择的主模型是 CripsMix_v1.0，该模型擅长生成清新插画风格的图像，同时配置了 VAE 模型来提升新图的颜色饱和度，生成的结果如图 4-34 所示。可以看到，生成结果的结构和轮廓线稿图一致，同时又接受了提示词的引导。

图 4-34　新图结果 – Canny

2. SoftEdge 模型：柔和线稿控制

　　SoftEdge 模型也可以对原始图片进行边缘检测，生成对应的线稿图，但是相比 Canny 模型，生成的线稿图的边缘会更柔和。

　　在 Stable Diffusion WebUI 中使用 SoftEdge 模型的过程和使用 Canny 模型基本上一致，主要的区别就是更换了 Control Type 以及对应的预处理算法和模型，如图 4-35 所示。

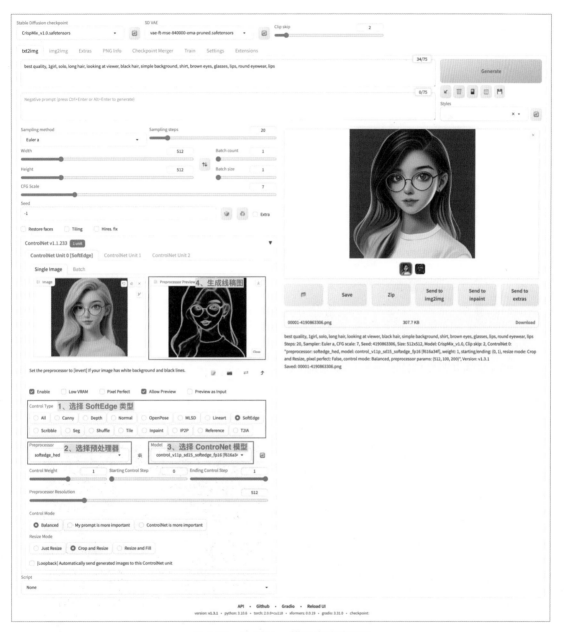

图 4-35 SoftEdge 模型生成线稿图

SoftEdge 对应如图 4-36 所示的 4 个预处理器，如果按生成结果的质量由高到低对它们进行排序，依次为 softedge_hed、softedge_pidinet、softedge_hedsafe、softedge_pidisafe，名字中带有 safe 的预处理器可以防止生成的图像中带有不良内容。

图 4-36　SoftEdge 预处理器

相比 Canny 的生成结果，SoftEdge 生成的线稿图的边缘能够保留更多细节。图 4-37 是我们使用 softedge_hed 预处理器配合 control_v11p_sd15_softedge_fp16 模型生成的线稿图。

基于 SoftEdge 模型生成新图的步骤与使用 Canny 模型生成新图的步骤是一样的，我们这里就不再赘述了，结果图如图 4-38 所示。

图 4-37　柔和线稿图

图 4-38　新图结果 - SoftEdge

3. Lineart 模型：精细线稿控制

Lineart 模型是 ControlNet v1.1 版本新增的模型，它同样能够生成对应的线稿图，并且相比 Canny 生成的线稿图更加精细。

在 Stable Diffusion WebUI 中使用 Lineart 模型的过程和上面使用 Canny 模型的过程也是基本一致的，主要的区别就是更换了 Control Type 以及对应的预处理算法和模型。

Lineart 对应如图 4-39 所示的 6 个预处理器和如图 4-40 所示的两个类型模型。其中名字含 anime 的预处理器应该和 control_v11p_sd15s2_lineart_anime_fp16 模型搭配使用，其他预处理器则和 control_v11p_sd15s2_lineart_fp16 模型搭配使用。

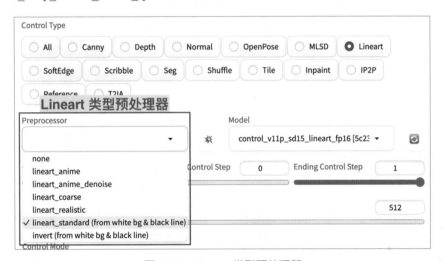

图 4-39　Lineart 类型预处理器

图 4-40　Lineart 类型模型

我们使用 lineart_anime 和 invert 两个预处理器生成的线稿图分别如图 4-41 和图 4-42 所示，它们对应生成的新图如图 4-43 和图 4-44 所示。

图 4-41　精细线稿图 – lineart_anime

图 4-42　精细线稿图 – invert

图 4-43　生成新图 – lineart_anime

图 4-44　生成新图 – invert

对于其他 Lineart 预处理器，大家可以自己试试效果。

4. Scribble 模型：涂鸦控制

Scribble 模型可以根据手绘涂鸦式的草图来生成图像，也支持在空白画布上直接手绘涂鸦。

Scribble 对应的 4 个预处理器如图 4-45 所示，对应的模型为 control_v11p_sd15_scribble_fp16。

图 4-45　Scribble 预处理器

图 4-46 是使用 scribble_hed 预处理器生成的涂鸦式轮廓图，基于图 4-46 生成的结果图如图 4-47 所示。

图 4-46　涂鸦式轮廓图 – Scribble

图 4-47　生成新图 – Scribble

5. Depth 模型：深度信息控制

Depth 模型可以提取原始图片中的深度信息，生成可以体现原始图片深度结构的深度图，在这个深度图里，越亮的部分越靠前，越暗的部分越靠后。然后，基于深度图和提示词就可以生成具有同样深度结构的新图了。

Depth 对应的 4 个预处理器如图 4-48 所示，对应的模型是 control_v11f1p_sd15_depth_fp16。

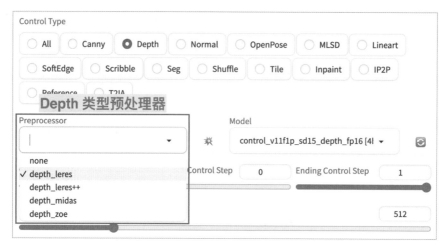

图 4-48　Depth 预处理器

使用 depth_leres 预处理器生成的深度图如图 4-49 所示，基于图 4-49 这个深度图生成的结果图如图 4-50 所示。

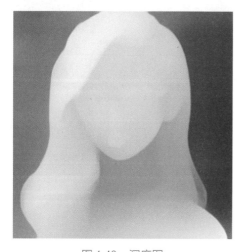

图 4-49　深度图

图 4-50　结果图 – Depth

6. Normal 模型：法线信息控制

Normal 模型主要提取原始图片的凹凸信息，生成原始图片的法线信息图，它对于细节的保留比 Depth 模型更加精确。Normal 模型擅长处理光影信息，经常被用在游戏制作领域，模拟复杂光影效果。

Normal 对应的两个预处理器如图 4-51 所示，对应的模型为 control_v11p_sd15_normalbae_fp16。

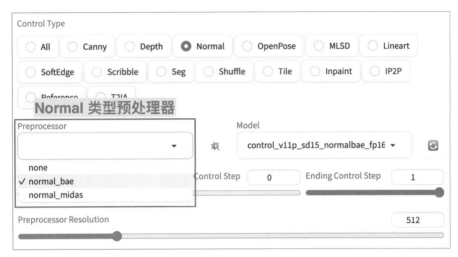

图 4-51 Normal 类型预处理器

图 4-52 是我们使用 normal_bae 预处理器生成的法线信息图，基于图 4-52 生成的结果图如图 4-53 所示。

图 4-52 法线信息图

图 4-53 结果图 – Normal

7. MLSD 模型：建筑线条控制

MLSD 模型通常用来检测建筑物的线条结构和几何形状，生成建筑线条图，再配合提示词、建筑及室内设计风格模型来生成图像。

下面我们将以图 4-54 所示的毛坯房间图片为引导图，用 MLSD 模型对其进行预处理，生成建筑线条图，然后在建筑线条图的基础上生成房间设计图。

图 4-54　毛坯房间图片

在 Stable Diffusion WebUI 中使用 MLSD 模型的过程如图 4-55 所示。

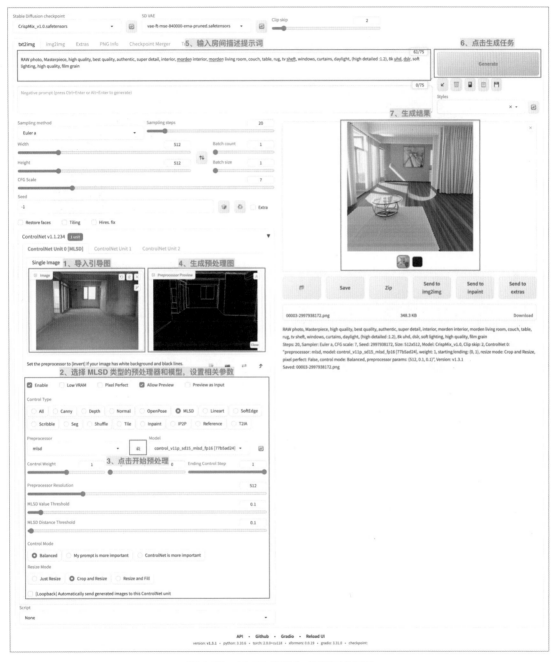

图 4-55　MLSD 模型生成建筑线条图

可以看到整个流程和使用 Canny 等模型是一样的，生成的建筑线条图和最终生成的房间设计图分别如图 4-56 所示。

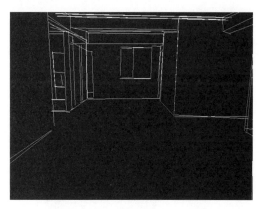

图 4-56　建筑线条图和最终生成的设计图

可以看到，我们把毛坯房变成了精装房，MLSD 模型在室内设计领域非常有用。

8. Seg 模型：分割区块控制

Seg 模型通过语义分割，将画面标注为不同的区块颜色和结构，从而控制画面的构图和内容，其中不同颜色代表不同类型的对象。

Seg 对应的 3 个预处理器如图 4-57 所示，对应的模型为 control_v11p_sd15_seg_fp16。

图 4-57　Seg 类型预处理器

图 4-58 和图 4-59 分别为原图和我们使用 seg_ufade20k 预处理器生成的分割区块图。

基于图 4-59，生成的结果图如图 4-60 所示。

图 4-58 原图

图 4-59 分割区块图

图 4-60 结果图 – Seg

4.4.2 姿势控制

一般使用 OpenPose 模型检测原始图片的骨骼形态信息，从而生成一张原图的骨骼姿势图。基于骨骼姿势图和提示词来生成具有同样骨骼姿势的新图，就可以实现姿势控制。

OpenPose 对应的预处理器有 5 个，支持整体身体形态、面部、手指等信息的提取，如图 4-61 所示。

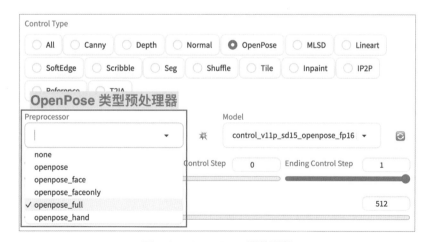

图 4-61 OpenPose 预处理器

图 4-62 和图 4-63 分别为原图和我们使用 openpose_full 预处理器生成的骨骼姿势图。

基于图 4-63 这样的骨骼姿势图，就可以生成如图 6-64 所示的结果图了。

 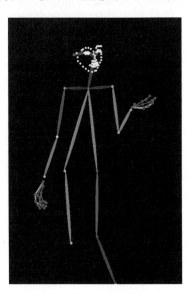 

图 4-62　原图　　　　　　　图 4-63　骨骼姿势图　　　　　图 4-64　结果图 – OpenPose

4.4.3　特征控图

本节教大家如何把一张图片的特征迁移到另一张图片上。

1. Shuffle 模型：风格迁移

Shuffle 模型可以提取引导图的风格，再基于提示词将风格迁移到生成的新图上。

Shuffle 对应的预处理器和模型如图 4-65 所示。

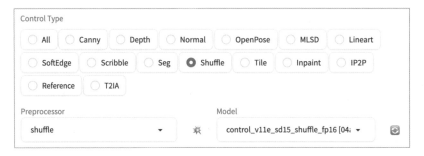

图 6-65　Shuffle 预处理器

图 4-66 和图 4-67 分别为原图和我们使用 shuffle 预处理器生成的预处理图，图 4-68 是新生成的结果图。

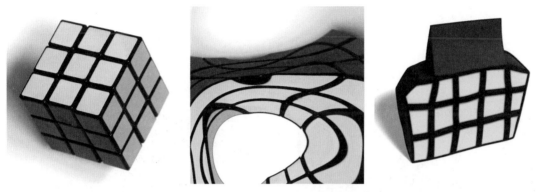

图 4-66　原图　　　　图 4-67　Shuffle 预处理图　　　　图 4-68　结果图 – Shuffle

2. T2IA Color 模型：颜色继承

T2IA Color 模型可以用网格的方式提取引导图的颜色分布图，然后在颜色分布的基础上结合提示词生成新图，从而控制新图保持对应的颜色分布。

T2IA Color 对应的预处理器是 t2ia_color_grid，模型是 t2iadapter_color_sd14v1，如图 4-69 所示。

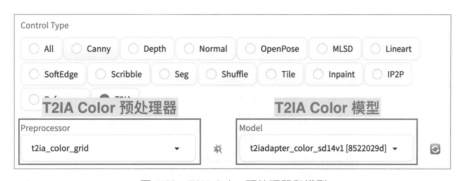

图 4-69　T2IA Color 预处理器和模型

图 4-70 和图 4-71 分别为原图和我们使用 T2IA Color 预处理器生成的预处理图。

图 4-70　原图

图 4-71　T2IA Color 预处理图

图 4-72 是新生成的结果图。

图 4-72　结果图 – T2IA Color

3. Reference：相似重现

Reference 预处理器不使用模型，它可以在新图中尽量还原原图中的角色，作用和 Seed 有点像。

在 Stable Diffusion WebUI 中使用 Reference 预处理器时不需要选择模型，如图 4-73 所示。

Control Type

○ All	○ Canny	○ Depth	○ Normal	○ OpenPose	○ MLSD	○ Lineart
○ SoftEdge	○ Scribble	○ Seg	○ Shuffle	○ Tile	○ Inpaint	○ IP2P
◉ Reference	○ T2IA					

Preprocessor

reference_only ▾　　✳

图 4-73　Reference 预处理器

图 4-74 为原图，我们使用 reference_only 预处理器结合提示词生成的新图如图 4-75 所示，原图和新图在人脸上会有一些相似。

图 4-74　原图

图 4-75　结果图 – Reference

4.4.4　细节增强

为了让创作的图片更加精致，往往需要绘制更多的细节。

1. Tile 模型：细节增强

Tile 模型可以在原图的结构基础上对图像的细节进行增强。

在 Stable Diffusion WebUI 中使用 Tile 模型的过程和上面大部分模型也是基本一致的，主要的区别就是更换了 Control Type 以及对应的预处理算法和模型。

Tile 对应的 3 个预处理器如图 4-76 所示，对应的模型为 control_v11f1e_sd15_tile_fp16。

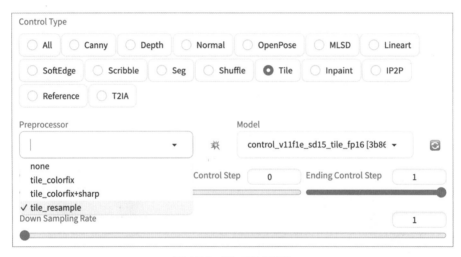

图 4-76　Tile 预处理器

原图和 Tile 模型生成的新图分别如图 4-77 和图 4-78 所示。

图 4-77　原图

图 4-78　结果图 – Tile

2. Inpaint 模型：图像重绘

Inpaint 模型可以在原图的基础上添加蒙版，并对蒙版部分进行重绘。在 Stable Diffusion WebUI 中使用 Inpaint 模型的过程如图 4-79 所示。

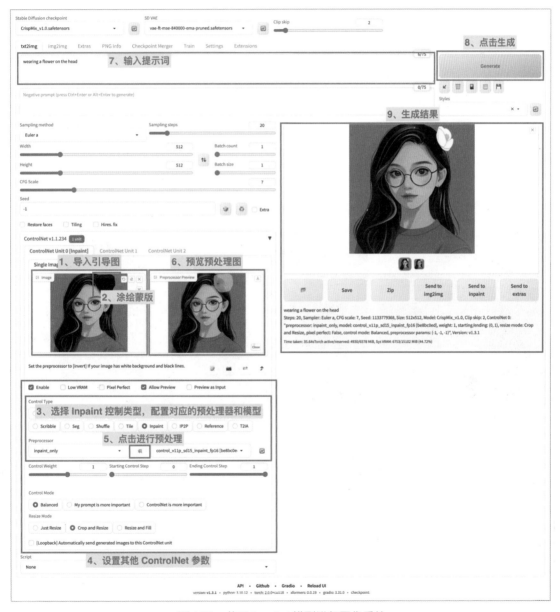

图 4-79　使用 Inpaint 模型进行图像重绘

Inpaint 类型的预处理器有 3 种，如图 4-80 所示。对应的模型是 control_v11p_sd15_inpaint_fp16。

图 4-80　Inpaint 预处理器

上述过程中用到的原图、生成的预处理图和最终生成的结果图如图 4-81~ 图 4-83 所示。

图 4-81　原图　　　　　　图 4-82　Inpaint 预处理图　　　　图 4-83　Inpaint 结果图

3. IP2P 模型：图片指令

IP2P 模型可以在原图的基础上，通过提示词指令为其增加更多细节元素。

在 Stable Diffusion WebUI 中使用 IP2P 模型的过程和前面使用其他模型有一些不同：

❑　IP2P 模型不需要预处理器；

❑　在图生图中使用 IP2P 模型效果更好；

❑　使用 IP2P 模型时，需要用形如 make it ... 的指令式提示词来增加细节元素。

图 4-84 是在图生图中使用 IP2P 模型的流程。

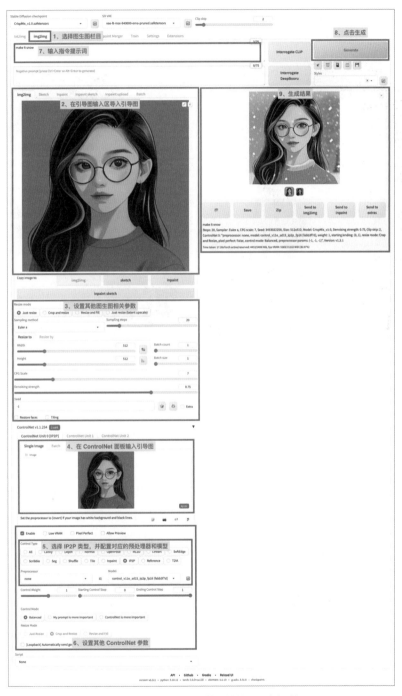

图 4-84 使用 IP2P 模型增加图片细节

可以看到，在 img2img 面板与 ControlNet 面板输入的引导图是一样的，如图 4-85 所示。我们的提示词指令为 make it snow，最终生成的结果图如图 4-86 所示。

图 4-85　引导图　　　　　　　　　　　　　　图 4-86　结果图－IP2P

4.5　使用 mov2mov 生成视频

我们之前介绍的 Stable Diffusion WebUI 的功能都是应用在图像生成和图像处理方面的。你知道吗？借助一款名为 mov2mov 的插件，WebUI 就可以生成视频了！

很多时候，我们需要将不同视频进行风格化处理（如将真人视频转为动漫视频），有了 mov2mov 插件，我们便可以高效地完成这样的处理任务。mov2mov 本质上是把视频中的每一帧图像截取出来，再使用 Stable Diffusion 进行风格重绘，最后将重绘的图像拼接编码成一个完整的视频。

安装 mov2mov 插件和安装 ControlNet 等插件类似，如图 4-87 所示。

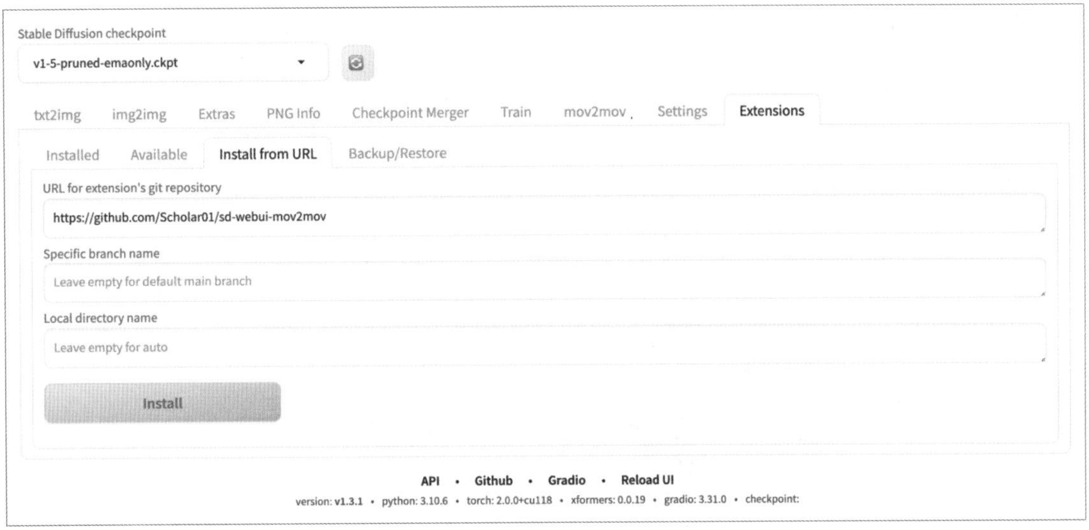

图 4-87　安装 mov2mov 插件

4.5.1　mov2mov 应用

当我们安装好 mov2mov 插件并重启 WebUI 后，界面顶部功能栏目会多出一个 mov2mov 栏，我们选择它即可打开 mov2mov 功能页面。使用 mov2mov 的步骤如下。

(1) 在顶部栏目中，选择 mov2mov 栏目。

(2) 在 mov2mov 子面板中导入原视频。

(3) 在提示词输入区输入提示词，这里主要是描述新生成画面的内容。

(4) 通过 width 和 height 设置输出视频的分辨率，这里尽量保持与原视频分辨率比例一致，但建议不要设置得过高，目标分辨率设置越高，则生成任务耗时越久。

(5) 通过 Generate Movie Mode 参数设置生成视频的编码格式。

(6) 通过 Denoising strength 参数设置降噪强度。该参数值越小，生成的每一帧的图片越接近原图，建议不要超过 0.5。

(7) 通过 Movie Frames 参数设置输出视频的帧速率，即 1 秒内生成多少张图片。该参数值越大，视频看起来越连贯，但生成任务耗时越久。该参数建议设置为 24 或 30。

(8) 通过 Max Frames 参数设置生成帧数，例如可以先设置为 1，代表仅生成第一帧，验证生成效果较好再设置多帧，-1 代表生成全部帧。

(9) 点击 Generate 按钮开始生成任务。

(10) 等待生成结果。

以上操作描述如图 4-88 所示。

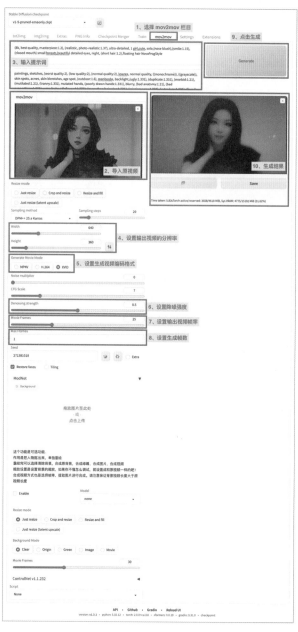

图 4-88　mov2mov 的使用

4.5.2　mov2mov 结合 ControlNet

mov2mov 功能还可以结合 ControlNet 来控制画面结构，操作步骤如下。

(1) 在 ControlNet 面板中开启 ControlNet 功能。

(2) 在 ControlNet 面板中导入引导图。

(3) 选择 ControlNet 预处理器和模型。

(4) 设置其他 ControlNet 参数。

(5) 调高 Denoising strength 降噪强度值。因为这里要通过 ControlNet 来改变画面结构了，所以需要调高该参数值，如图 4-89 所示。

4.6　利用自有数据集训练 LoRA 模型

除了使用已有的各种模型，我们还可以基于自有图片数据训练自己的模型，生成独特的 AI 绘画作品，其中最常见的就是训练 LoRA 模型。LoRA 是一种成本较低的微调模型训练方法，可以对主模型进行微调，从而支持生成特定的人像、物品及画风。训练 LoRA 模型对设备配置要求较低，训练速度相对较快，产出的模型大小也合适，所以是一种不错的选择。

下面我们就来介绍一下如何训练自己的 LoRA 模型。

4.6.1　准备训练数据

训练自己的 LoRA 模型之前，首先要明确用途，比如用于支持生成特定的人像、物品还是画风。然后就需要准备和预处理将要训练的数据，这部分工作包括：

(1) 准备用于训练的图片；

(2) 按标准处理图片的分辨率；

(3) 对图片进行打标。

图 4-89　mov2mov 结合 ControlNet 使用

1. 准备用于训练的图片

我们以训练人像 LoRA 为例来准备图片训练集，一般需要注意以下几点。

- 图片质量：保证图片尽量清晰，人像主体要突出，画面中保持元素简洁、结构简单。
- 特征维度：可以从表情、身体姿态、装扮、视角、场景、光照条件等维度提供较丰富的训练集。
- 图片数量：训练 LoRA 模型一般要求每张图最少训练 100 步，总步数不低于 1500 步，这样算下来建议训练集的图片数量要大于 15 张，最好在 20 张以上。当然，训练集的图片多一些，特征维度丰富一些，训练效果会更好，但是训练的时间就要更久了。
- 图片分辨率：训练集的图片分辨率需要一致，基于 Stable Diffusion 主模型来训练 LoRA 模型一般可以采用 512 × 512、768 × 768 这两种分辨率。

图 4-90 是我为训练人像 LoRA 准备的训练集。

图 4-90　训练集

2. 按标准处理图片的分辨率

在准备训练数据时，我们经常会遇到图片分辨率各不相同的问题，尤其图片较多的时候，处理起来很麻烦。给大家推荐一个在线批量处理图片分辨率的工具：Birme。

下面我们在 Birme 上将训练集图片的分辨率统一预处理为 512 × 512，如图 4-91 所示。

图 4-91　批量处理训练集图片的分辨率

3. 对图片进行打标

完成对图片素材的预处理后，接下来就是对图片进行打标，辅助模型训练。

这里我们可以使用 Stable Diffusion WebUI 的图片预处理功能来给图片打标，使用方法如下。

(1) 在 WebUI 中选择 Train 主栏。

(2) 打开 Train 栏功能页面后，选择 Preprocess images 子栏。

(3) 设置图片训练集所在的输入目录（Source directory）和图片处理后的输出目录（Destination directory）。

(4) 设置预处理输出图片的宽和高。

(5) 选择 Use deepbooru for caption 来给训练集图片打标。

(6) 点击 Preprocess 开始进行预处理。

(7) 等待处理进度和结果，处理完成后，就可以在输出目录下看到预处理后的输出图片及打标数据了。

以上操作描述如图 4-92 所示。

图 4-92 图片打标

输出图片及打标数据如图 4-93 所示。可以看到，上述处理过程为每张图片生成了一个 txt 打标文件。

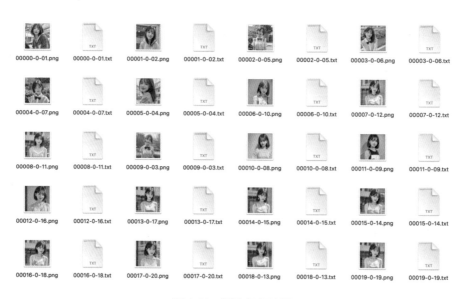

图 4-93 图片打标结果

图 4-94 是其中一张图片。

图 4-94　训练集图片

图 4-94 对应的打标文件内容如下：

1girl, 3d, bicycle, black_eyes, blur_censor, blurry, blurry_background, blurry_foreground, bokeh, brown_hair, building, bus, car, chromatic_aberration, city, cosplay_photo, depth_of_field, film_grain, focused, ground_vehicle, hood, hood_down, hooded_jacket, hoodie, lips, looking_at_viewer, motion_blur, motor_vehicle, outdoors, people, photo_\(medium\), photo_background, photo_inset, photorealistic, realistic, short_hair, solo, stadium, storefront, street, upper_body

对于通过算法生成的打标内容，我们还可以继续检查和优化，比如将其中部分特征标签删掉，或者调整和替换一些词语。

当我们删除某些特征标签词时，表示我们希望这个特征与 LoRA 模型绑定，而不希望以后可以通过提示词对该特征进行调整、改变；相反，如果我们保留对应的标签词，表示希望这个特征可以用提示词进行引导和调整。

比如标签词中有 black_eyes 和 brown_hair 两个表示人物特征的词，如果我们希望训练的人物始终保持黑眼睛和棕头发的特征，我们就可以删掉这两个标签词，使得这两个特征与 LoRA 模型绑定；如果我们希望以后在使用这个模型时，可以通过类似 blue eyes、yellow hair 这样的提示词来改变人物眼睛和头发的颜色，我们就保留这两个标签词。

当然，我们也可以不去管这些算法自动生成的打标文件。

至此，我们就完成了对训练数据的准备。

4.6.2　搭建训练工具

训练 LoRA 的方案有很多种，我们这里介绍基于 Kohya Trainer 项目来训练 LoRA 模型的方法。

首先，我们在 Kohya Trainer 项目的 GitHub 页面打开对应的 Colab 地址，如图 4-95 所示。

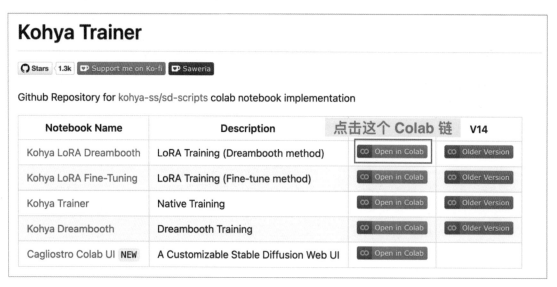

图 4-95　Kohya Trainer 项目的 GitHub 页面

使用 Colab 需要登录 Google 账号，然后点击 Copy to Drive 将该流程复制到自己的 Google Drive 云盘上，如图 4-96 所示。

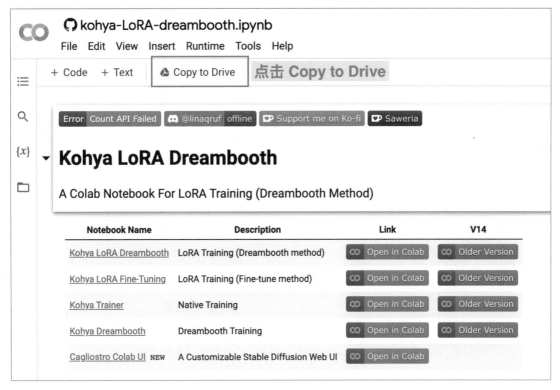

图 4-96　复制流程到自己的 Google Drive

这样我们接下来就可以在自己复制好的这份流程上进行操作了，并且所有的参数都会被保存下来，后续可以重复使用。

4.6.3　训练 LoRA 模型

接下来我们按照步骤训练 LoRA 模型。

1. 安装训练程序

我们来到 I. Install Kohya Trainer 来安装 Kohya 训练程序。

首先安装依赖，在 1.1. Install Dependencies 步骤中选择 install_xformers 和 mount_drive，点击该步骤的执行按钮，如图 4-97 所示。

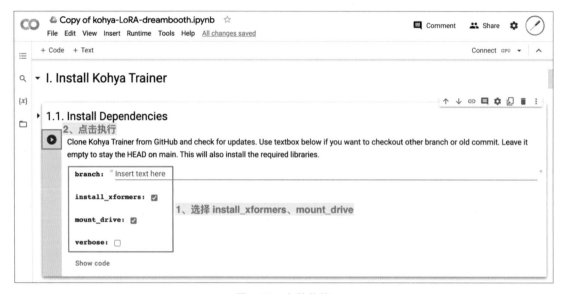

图 4-97　安装依赖

这里需要用到 Google Drive，因此我们需要在弹出的对话框中选择 Connect to Google Drive，并完成后续授权登录操作，如果运行过程中遇到报错，重试一下即可，如图 4-98 所示。

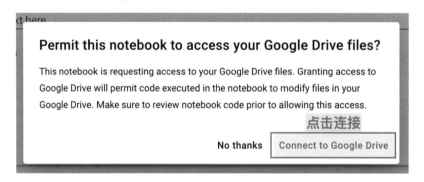

图 4-98　连接至 Google Drive

2. 下载模型

接下来我们来到 II. Pretrained Model Selection，选择下载预训练需要的模型。这里可以下载相关的主模型及 VAE 模型，大家按需选择即可。

我们这里还是基于 Stable Diffusion v1.5 来训练，选择设置如图 4-99 所示。

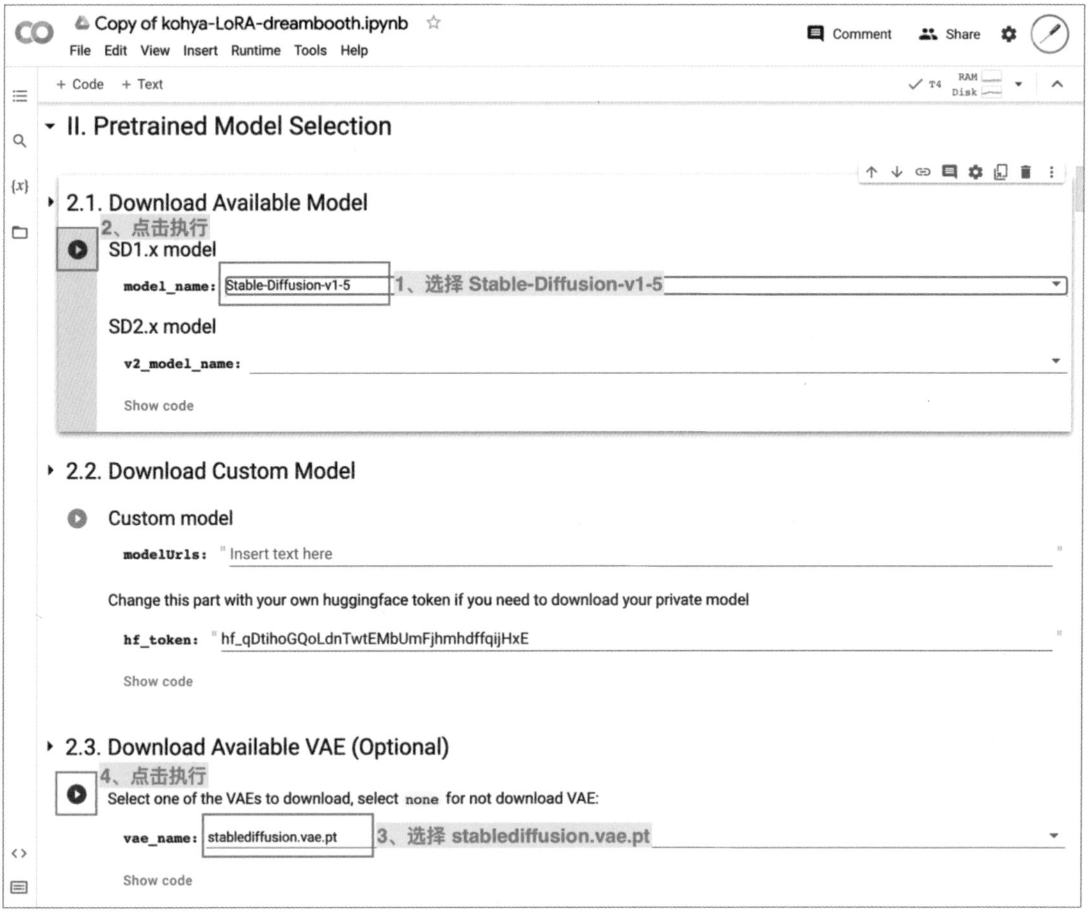

图 4-99　选择需要的模型

3. 训练数据上传

完成了模型配置和下载，接下来就可以上传训练数据了，我们来到 III. Data Acquisition。

首先要设置训练数据存储目录，如图 4-100 所示。

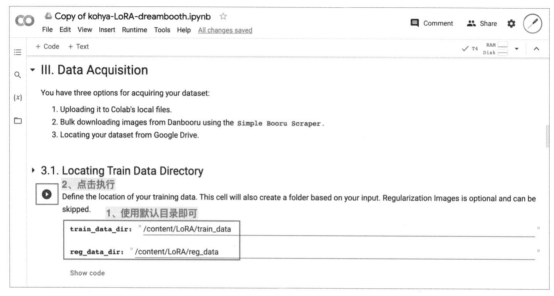

图 4-100　设置训练数据存储目录

然后来到 3.2. Unzip Dataset，这里需要我们上传训练数据的压缩包。在这之前我们先要在 Google Drive 上创建一个文件夹，如图 4-101 所示。

图 4-101　在 Google Drive 上创建一个文件夹

接下来，我们开始上传数据，用鼠标右键点击我们刚才新创建的 train_images 文件夹，在弹出的功能框中使用 Upload 功能上传我们已经准备好的训练数据压缩包，如图 4-102 所示。

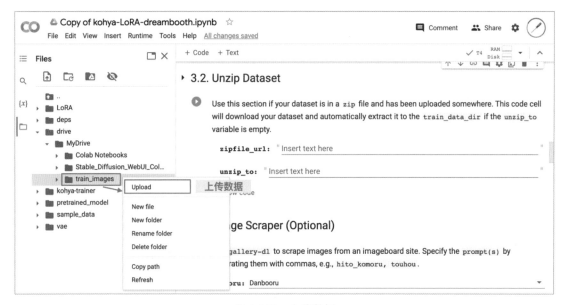

图 4-102　上传数据

完成数据上传后，就可以把数据解压到待处理的目录了。具体操作如下，如图 4-103 所示。

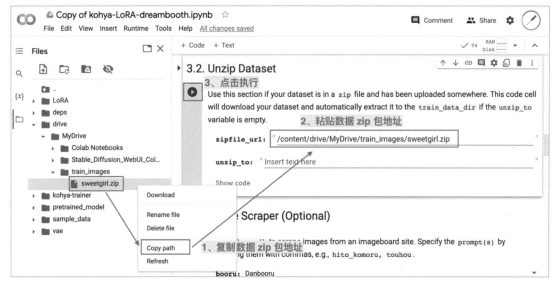

图 4-103　解压数据

(1) 右键点击我们刚才上传的数据包文件，在弹出的功能框中使用 Copy path 功能来复制文件地址。

(2) 在 3.2. Unzip Dataset 中，将复制的地址粘贴到 zipfile_url 输入框。

(3) 点击该步骤的执行按钮，此时数据包中的数据将会被解压到我们上面设置的 train_data_dir 目录中（/content/LoRA/train_data），这些数据将会被用于后续的处理和训练。

到这里，我们就完成了训练数据的上传。

4. 训练数据预处理

接下来，我们对上传的训练数据进行预处理，主要包括清理无用文件、图片打标等操作。我们来到 IV. Data Preprocessing。

首先，进行数据清理，主要是把一些不兼容的文件清理掉或转换掉，这里我们使用默认配置，直接点击该步骤的执行按钮即可，如图 4-104 所示。

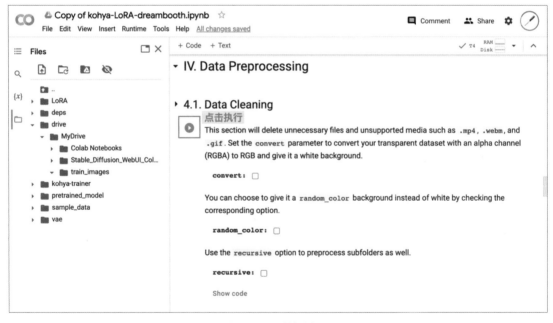

图 4-104　数据清理

然后，在 4.2. Data Annotation 中对数据进行标注。其中包括使用 BLIP 对图像数据进行描述（直接点击该步骤的执行按钮即可，如图 4-105 所示）和使用 Waifu Diffusion 1.4 Tagger 对图像数据进行打标。注意，这里要将 character_threshold 参数调高，然后点击该步骤的执行按钮，如图 4-106 所示。

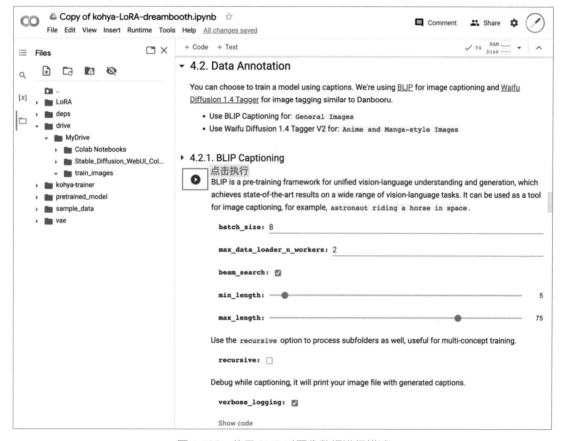

图 4-105　使用 BLIP 对图像数据进行描述

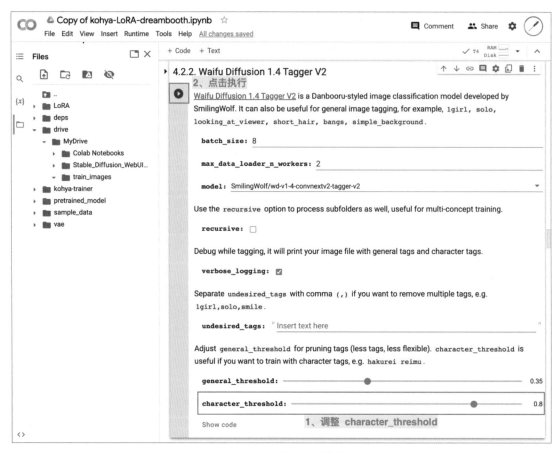

图 4-106　对图像数据进行打标

5. 训练模型

数据预处理完成，接下来就可以开始训练模型了。我们来到 V. Training Model。

首先，需要在 5.1. Model Config 设置一下模型的配置信息，步骤如下，如图 4-107 所示。

(1) 设置 project_name，对应的是输出的 LoRA 模型的名称，这里我们设置为 sweetgirl。

(2) 设置 pretrained_model_name_or_path，对应的是训练 LoRA 模型基于的主模型文件路径，这里我们就复制上面下载的 Stable-Diffusion-v1-5.safetensors 的路径。

(3) 设置 vae，对应的是训练 LoRA 模型基于的 VAE 模型文件路径，这里我们就复制上面下载的 stablediffusion.vae.pt 的路径。

(4) 设置 output_dir，即输出 LoRA 模型的路径，用默认值即可。

(5) 点击该步骤的执行按钮。

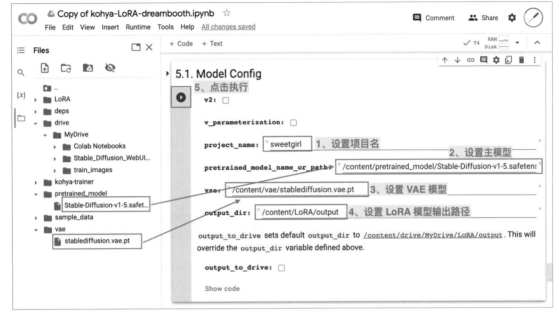

图 4-107　设置模型配置信息

　　然后，在 5.2. Dataset Config 设置数据集的配置信息，这里使用默认配置参数，直接点击该步骤的执行按钮即可，如图 4-108 所示。

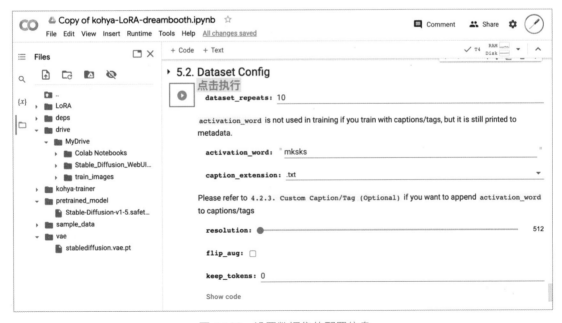

图 4-108　设置数据集的配置信息

接着，我们在 5.3. LoRA and Optimizer Config 设置 LoRA 并优化器配置信息，在 5.4. Training Config 设置训练过程相关的配置信息后，就可以在 5.5. Start Training 开始训练 LoRA 模型的任务了，都是使用默认的参数配置，点击对应步骤的执行按钮即可，如图 4-109～图 4-111 所示。

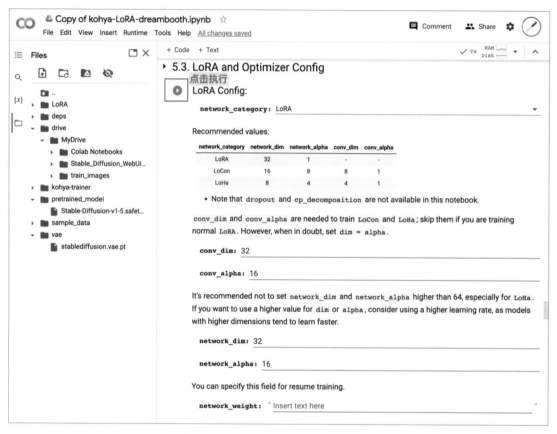

图 4-109　设置 LoRA 并优化器配置信息

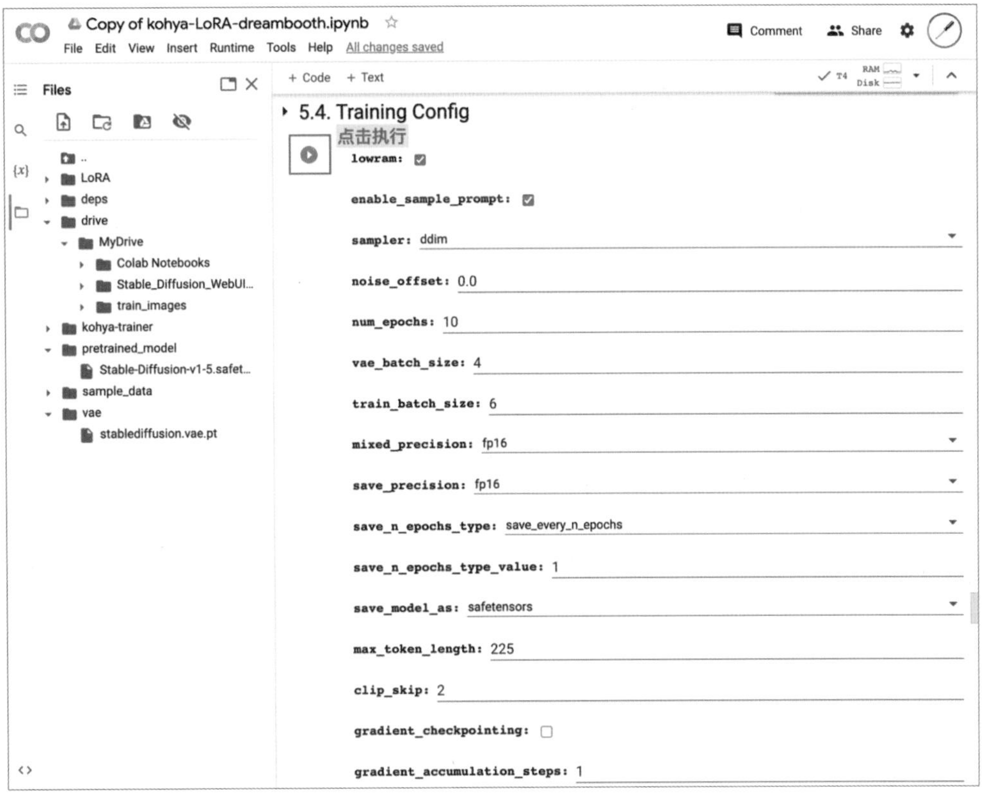

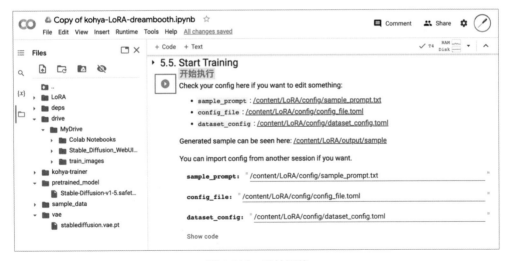

图 4-110　设置训练过程相关的配置信息

图 4-111　开始训练

模型训练完成后，我们就可以在输出路径找到模型文件了，如图 4-112 所示。

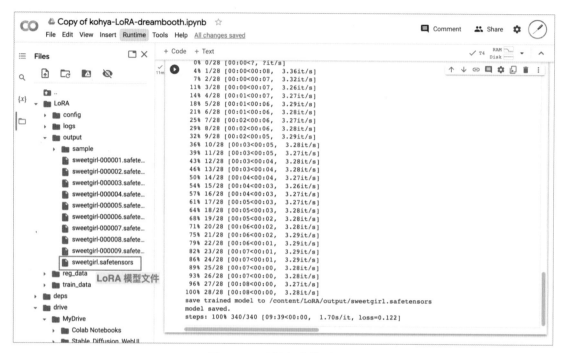

图 4-112　训练好的模型文件

这样，我们就训练好了自己的 LoRA 模型。

4.6.4　测试 LoRA 模型

最后，我们需要在 Stable Diffusion WebUI 中测试一下训练好的 LoRA 模型。

将我们自己训练好的 LoRA 模型文件 sweetgirl.safetensors 像其他 LoRA 模型一样，复制到 stable-diffusion-webui/models/Lora 目录下，然后启动 WebUI。

接下来的测试流程跟使用其他 LoRA 模型一样，如图 4-113 所示。

(1) 点击 Show/hide extra networks 展示额外网络面板，选择 Lora 栏，检查是否成功加载了 sweetgirl 这个 LoRA 模型。

(2) 选择主模型为 Stable Diffusion v1.5。

(3) 输入提示词，这里我们在提示词中添加了 LoRA 模型对应的标签 <lora:sweetgirl:1.0>。

（4）设置其他文生图参数。

（5）点击 Generate 按钮开始生成任务。

（6）等待生成结果。

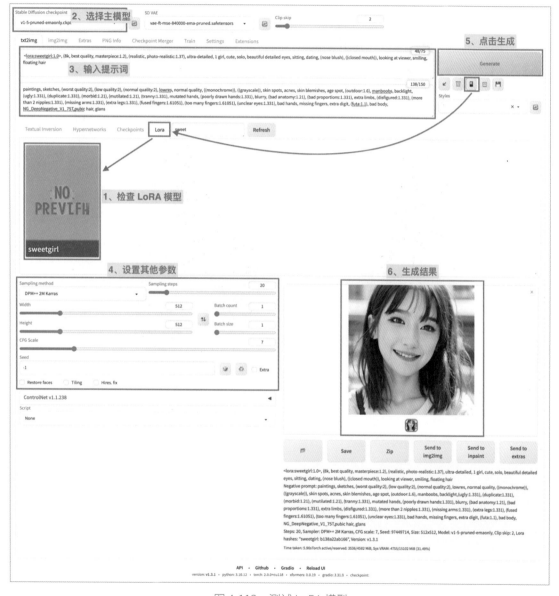

图 4-113　测试 LoRA 模型

生成结果如图 4-114 所示。

图 4-114　测试 LoRA 模型生成结果

第 5 章

Stable Diffusion 实战案例

我们在前面的章节里介绍了 Stable Diffusion WebUI 的各种基础功能和高级技巧，现在我们开始做一些特定需求的实践。

5.1 生成 AI 模特

本节我们来介绍如何基于 Stable Diffusion WebUI 的各种功能来生成 AI 模特。

1. 复刻 AI 模特

当我们想要通过 Stable Diffusion WebUI 创作一位 AI 模特时，一种方法是搭配模型、编写提示词、调整生成参数，然后交给 Stable Diffusion 去生成，这个过程有点像开盲盒，因为你不知道每次生成的精确结果会是什么样。另一种方法是把在网上看到的满意的 AI 模特复刻出来，然后在其基础上进行微调。我们这里来讲讲第二种方法。

图 5-1 是我们觉得比较满意的一张模特图，现在我们来把她复刻出来。

复刻 AI 模特的办法就是使用前面介绍过的 PNG Info 功能。不过需要注意，使用 PNG Info 的前提是图片中需要包含 AI 生产任务的提示词及参数信息，所以在使用 PNG Info 复刻模特时要使用图片的原图。

图 5-1　一张比较满意的模特图

提示：部分传输工具会转码图片，导致图像的信息被清理，无法使用 PNG Info 提取提示词。你可以扫描下面的二维码关注公众号，发送消息 "AI 模特" 来获得一些 AI 模特原图。

获得原图后，就可以正式开始复刻 AI 模特了。

(1) 使用 WebUI 的 PNG Info 获取原图提示词和参数

我们首先在 WebUI 界面选择 PNG Info 一栏，将原图导入 Source 区域，然后右边提示词区域会显示提取的提示词和参数，待提取完成后，点击 Send to txt2img 按钮即可将提示词和参数发送到 txt2img 栏目。

过程如图 5-2 所示。其中，有两处需要注意的地方：

❑ 提示词中的 <lora:koreanDollLikeness_v15:0.2> 表示使用了 koreanDollLikeness_v15 这个 LoRA 模型；

❑ 参数中的 Model: CrispMix_v1.0 表示使用了 CrispMix_v1.0 主模型。

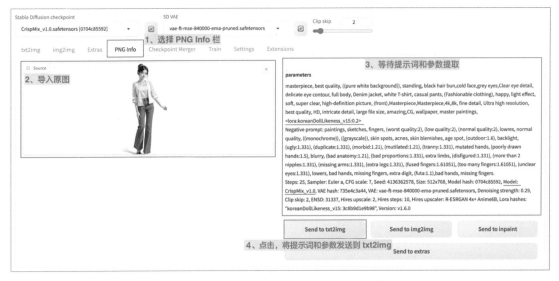

图 5-2　使用 PNG Info 提取提示词和参数

(2) 配置相关模型

上一步骤的最后，我们点击了 Send to txt2img 按钮，此时 WebUI 会切换到 txt2img 栏目，并自动将提示词和参数填充好。这里我们需要检查参数中用到的主模型和 LoRA 模型是否已经配置到位，如图 5-3 所示。

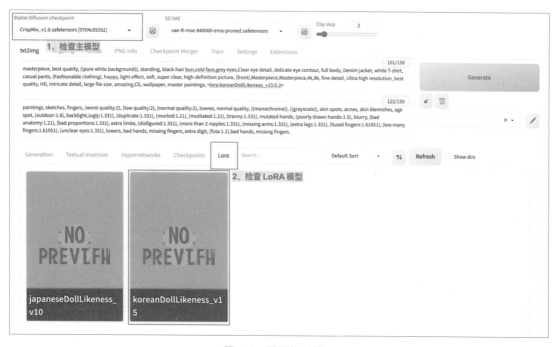

图 5-3 配置相关模型

如果没有自动配置好，我们需要手动下载相关模型并按照第 2 章介绍的方法配置好对应的模型。其中 CrispMix_v1.0 主模型放在 stable-diffusion-webui/models/Stable-diffusion 目录下，koreanDollLikeness_v15 LoRA 模型放在 stable-diffusion-webui/models/Lora 目录下。

(3) 复刻生成

接下来，我们点击 Generate 按钮，等待复刻结果，如图 5-4 所示。

可以看到，我们新生成的图跟原图完全一样，这样我们就完成了 AI 模特的复刻。

为什么我们可以原封不动地复刻原图呢？

其实，用 AI 模型生成图的过程是一个幂等过程，也就是对于一个指定的模型，当我们设置的所有绘画参数都一样时，模型生成出来的图就是一样的。

图 5-4　复刻生成

大家按照我们上面的流程操作，有没有可能生成不一样的图呢？

也是有可能的，但归根结底还是参数变了，只不过你没有发现而已。比如使用的模型可能不是同一个版本，或者某些参数受 WebUI 版本的影响，没有生效或发生了变化。

复刻图片有什么意义呢？

我们可以认为，复刻图片得到的不是一个结果，而是一个开始。复刻喜欢的图后，我们就可以在这张图的基础上对提示词以及其他参数进行微调，从而生成与原图近似的新图，这样一来，就能轻松生成人设和风格比较一致的 AI 模特套图。复刻功能在现实生产中用途非常广。

2. 调试 AI 模特人脸

如果你没有从网上找到喜欢的模特，或者图片中不包含提示词和参数信息导致无法复刻，又或者你想在复刻模特的基础上继续调试出新的人脸，那我们可以试试下面这些方法。

● 修改与人脸五官相关的提示词调试人脸

修改提示词比较好理解，图 5-5 提供了一些可以参考的人脸五官提示词，大家可以按需尝试和使用。

五官

眼睛	empty eyes	空洞眼睛	眉毛	thick eyebrows	浓眉
	wide eyes	睁大眼睛		cocked eyebrow	眉毛翘起
	one eye closed	闭上一只眼		short eyebrows	短眉毛
	half-closed eyes	半闭眼睛		v-shaped eyebrows	V字眉
	gradient_eyes	渐变眼	嘴巴	chestnut mouth	栗子嘴
	aqua eyes	水汪汪大眼		thick lips	厚嘴唇
	rolling eyes	翻白眼		puffy lips	嘴唇浮肿
	cross-eyed	斗鸡眼		lipstick	口红
	slit pupils	猫眼		heart-shaped mouth	心形嘴
	bloodshot eyes	布满血丝的眼睛		pout	嘟嘴
	glowing eyes	发光眼睛		open mouth	张嘴
	tsurime	吊眼角		closed mouth	闭嘴
	tareme	垂眼角		shark mouth	鲨鱼嘴
	devil eyes	恶魔眼		parted lips	分开嘴唇
	constricted pupils	收缩的瞳孔		mole under mouth	嘴下痣
	devil pupils	魔瞳	耳朵	fake animal ears	动物耳朵
	snake pupils	蛇瞳		cat ears	猫耳朵
	pupils sparkling	闪闪发光瞳		dog ears	狗耳朵
	flower-shaped pupils	花形瞳		fox ears	狐狸耳朵
	heart-shaped pupils	爱心瞳		bunny ears	兔子耳朵
	heterochromia	异色瞳		bear ears	熊耳朵
	color contact lenses	美瞳	胡子	beard	胡须
	longeyelashes	长睫毛		mustache	小胡子
	colored eyelashes	彩色睫毛		goatee	山羊胡
	mole under eye	眼下痣		long sideburns	长鬓角
			牙	fangs	尖牙
				canine teeth	虎牙
				clenched teeth	咬紧牙关

图 5-5　人脸五官提示词

● 随机 Seed 生成人脸

使用随机 Seed 生成新的人脸有点像开盲盒，把生成结果交给模型。方法很简单，首先找到随机 Seed 输入栏，点击 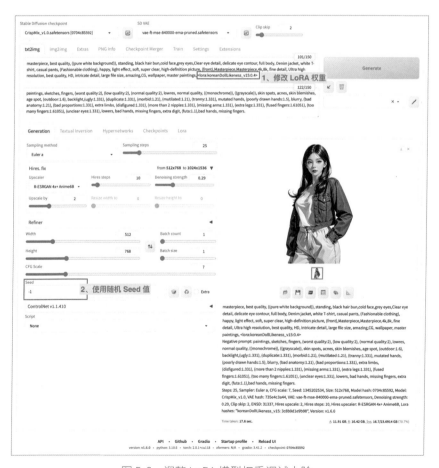 按钮，可以发现随机种子被设置为 −1，然后不用改变提示词和参数，直接点击 Generate 按钮开始生成即可，不满意就继续生成下一个。

随机种子为 −1 表示使用一个新的随机数。由于 Seed 值对图的变化影响很大，所以这样就可以生成新的人脸了。

- ● 调整 LoRA 模型权重调试人脸

下面我们尝试通过调整 LoRA 模型权重，调试我们前面复刻的 AI 模特。

原 AI 模特用到的 LoRA 信息是 <lora:koreanDollLikeness_v15:0.2>，对应的权重是 0.2。这里我们将权重调整到 0.4，即 <lora:koreanDollLikeness_v15:0.4>。此外，我们将 Seed 值设置为 −1 来增加随机性，如图 5-6 所示。

图 5-6　调整 LoRA 模型权重调试人脸

生成的结果如图 5-7 所示。

图 5-7　人脸调试结果 1

● **组合 LoRA 调试人脸**

我们继续在前面复刻的 AI 模特基础上进行调整，这次我们组合 koreanDollLikeness_v15 和 japaneseDollLikeness_v10 这两个 LoRA 模型，将原来的提示词中的 <lora:koreanDollLikeness_v15:0.2> 替换为 <lora:koreanDollLikeness_v15:0.2>, <lora:japaneseDollLikeness_v10:0.3>。

同样地，我们将 Seed 值设置为 -1 来增加随机性，如图 5-8 所示。

图 5-8　组合 LoRA 调试人脸

生成的结果如图 5-9 所示。

图 5-9 人脸调试结果 2

3. 给 AI 模特换装

当我们通过前面的步骤确定了 AI 模特的人脸后，我们还可以给模特换装，生成不同装扮的新图。

给 AI 模特换装扮有 3 种常见方式，下面是几个示例。

● **通过提示词给 AI 模特换装**

我们还是在前面复刻的 AI 模特的基础上进行调整，将原提示词中描述模特服装的部分 Denim jacket, white T-shirt, casual pants, (Fashionable clothing) 更换为 (wearing white shirt and leather skirt:1.2) 来给模特换装，如图 5-10 所示。

图 5-10　通过提示词给 AI 模特换装

生成的结果如图 5-11 所示。

图 5-11　换装结果 1

图 5-12~ 图 5-14 列出了一些描述模特装扮的提示词，大家可以参考使用。

装饰

发饰	hair ribbon	发带		装饰	ribbon	丝带		帽饰	Baseball cap	棒球帽
	head scarf	头巾			ribbon trim	丝带饰边			Beanie	针织帽
	animal hood	动物头巾			lace trim	蕾丝饰边			Bicorne	拿破仑帽
	hair bow	蝴蝶结发饰			skirt lift	裙撑			Boater hat	太阳帽
	crescent hair ornament	新月发饰			gauntlets	护手			Visor cap	遮阳帽
	lolita hairband	洛丽塔发饰			neckerchief	领巾			Bowler hat	圆顶礼帽
	feather hair ornament	羽毛发饰			red neckerchief	红领巾			Cabbie hat	报童帽
	hair flower	头花			pauldrons	肩章			Bucket hat	渔夫帽
	hair bun	发髻			arm strap	臂带			Fedora	侦探帽
	hairclip	发夹			armlet	臂镯			Cowboy hat	牛仔帽
	hair scrunchie	发箍			spaghetti strap	细肩带			Chef hat	厨师帽
	hair rings	发圈			Prajna in mask	般若面具			Military hat	军官帽
	hair ornament	发饰			veil	面纱			Santa hat	圣诞帽
	hair stick	发棒			bridal veil	新娘面纱			Party hat	派对帽
	heart hair ornament	心形发饰			tiara	皇冠			Jester cap	小丑帽
首饰	bracelet	手链			mini crown	迷你皇冠			Hardhat	安全帽
	choker	项圈			ear covers	耳罩			Baseball helmet	棒球头盔
	metal collar	金属项圈			aviator sunglasses	飞行员太阳镜			Football helmet	橄榄球头盔
	ring	戒指			semi-rimless eyewear	无边框眼镜			animal helmet	动物头盔
	wristband	腕带			semi-rimless eyewear	半无框眼镜			witch hat	女巫帽
	pendant	吊坠			sunglasses	太阳镜			beret	贝雷帽
	brooch	胸针			goggles	风镜			peaked cap	鸭舌帽
	hoop earrings	圈形耳环			eyepatch	独眼眼罩			Straw hat	草帽
	bangle	手镯			black blindfold	黑色眼罩				
	stud earrings	耳钉			metal thorns	铁棘				
	sunburst	旭日形首饰			halo	光环				
	pearl bracelet	珍珠手链			mouth mask	口罩				
	drop earrings	耳坠			bandaid hair ornament	创口贴				
	puppet rings	木偶戒指			nail polish	指甲油				
	corsage	胸花			doll joints	玩偶关节				
	sapphire brooch	蓝宝石胸针			cybernetic prosthesis	机械义肢				
	jewelry	珠宝首饰			mechanical legs	机械腿				
	necklace	项链			beach towel	沙滩巾				
					poncho	雨披				
					make up	浓妆				

图 5-12　人物装饰提示词

服装

上装	sleeves_past_fingers	过手袖		服装	transparent clothes	透视装
	tank top	背心			tailcoat	燕尾服
	white shirt	白衬衫			Victoria black maid dress	女仆装
	sailor shirt	水手衬衫			sailor suit	水手服
	T-shirt	T恤			school uniform	学生服
	camisole	吊带背心			bussiness suit	职场制服
	sweater	毛衣			suit	西装
	summer dress	夏日长裙			military uniform	军装
	hoodie	连帽衫			lucency full dress	礼服
	fur trimmed colla	毛领			hanfu	汉服
	hooded cloak	兜帽斗篷			cheongsam	旗袍
	jacket	夹克			japanses clothes	和服
	leather jacket	皮夹克			sportswear	运动服
	safari jacket	探险家夹克			dungarees	工装服
	hood	兜帽			wedding dress	婚纱
	denim jacket	牛仔夹克			silvercleavage dress	银色连衣裙
	turtleneck jacket	高领夹克			robe	长袍
	firefighter jacket	消防员夹克			apron	围裙
	see-through jacket	透明夹克			fast food uniform	快餐制服
	trench coat	战壕大衣			JK	JK制服
	lab coat	实验室外套			gym_uniform	健身服
	Down Jackets	羽绒服			miko attire	巫女服
	body armor	防弹盔甲			SWAT uniform	海军陆战队服
	flak jacket	防弹衣			sleeveless dress	无袖连衣裙
	overcoat	大衣			raincoat	雨衣
	duffel coat	粗呢大衣			mech suit	机甲衣
其他	frills	褶边			wizard robe	巫师法袍
	lace	花边			assassin-style	刺客装束
	gothic	哥特风格		下装	denim shorts	牛仔短裤
	lolita fashion	洛丽塔风格			pleated skirt	百褶裙
	western	西部风格			short shorts	热裤
	wet clothes	湿身			pencil skirt	铅笔裙
	off_shoulder	露单肩			leather skirt	皮裙
	bare_shoulders	露双肩			black leggings	黑色紧身裤
	tartan	格子花纹			skirt under kimono	和服下的裙子
	striped	横条花纹				
	armored skirt	披甲				
	armor	盔甲				
	metal armor	金属盔甲				
	berserker armor	狂战士铠甲				
	belt	腰带				
	scarf	围巾				
	cape	披肩				
	fur shawl	皮草披肩				

图 5-13　人物服装提示词

鞋袜

鞋类	bare_legs	裸足	袜类	no socks	不穿袜子
	boots	靴子		socks	短袜
	knee boots	马丁靴		tabi	日式厚底短袜
	ankle boots	脚踝靴		stockings	丝袜
	cross-laced_footwear	系带靴		christmas stocking	圣诞袜
	combat boots	战斗靴		leg warmers	暖腿袜
	armored boots	装甲靴		frilled socks	荷叶边袜子
	knee boots	过膝靴		ribbon-trimmed legwear	丝带边袜子
	rubber boots	防水橡胶靴		shiny legwear	闪亮袜子
	leather boots	皮靴		frilled thighhighs	褶边长筒袜
	snow boots	雪地靴		thighhighs	过膝袜
	santa boots	圣诞靴		fishnet stockings	渔网袜
	shoes	鞋子		loose socks	堆堆袜
	platform footwear	厚底鞋		leggings	裤袜
	pointy footwear	尖头鞋		lace legwear	蕾丝裤袜
	ballet slippers	芭蕾舞鞋		ribbed legwear	罗纹裤袜
	sneakers	运动鞋		wet pantyhose	湿连裤袜
	roller skates	旱冰鞋		plaid legwear	格子裤袜
	ice skates	溜冰鞋		see-through legwear	透视裤袜
	spiked shoes	钉鞋		pantyhose	连裤袜
	high heels	高跟鞋		torn pantyhose	撕裂的连裤袜
	mary janes	玛丽珍鞋		single leg pantyhose	单腿连裤袜
	loafers	乐福鞋		frilled pantyhose	荷叶边连裤袜
	uwabaki	女式学生鞋		studded garter belt	柳丁吊袜带
	sandals	凉鞋		sock dangle	吊袜带
	geta	木屐		thigh strap	大腿系带
	slippers	拖鞋		leg_garter	腿部花边环
	flip-flops	人字拖		bandaged leg	包扎腿

图 5-14　人物鞋袜提示词

● **通过装扮 LoRA 给 AI 模特换装**

我们还可以通过一些专门影响装扮的 LoRA 模型来给 AI 模特换装。比如我们这里要用到的汉服唐风 hanfuTang_v35 这个 LoRA 模型。

我们还是在前面复刻的 AI 模特的基础上来调整。我们在 Stable Diffusion WebUI 中配置 hanfuTang_v35 模型，并在提示词中增加 <lora:hanfuTang_v35:0.6>，然后把原提示词中描述模特服装的部分 Denim jacket, white T-shirt, casual pants, (Fashionable clothing) 更换为 (hanfu, tang style outfits, orange upper shan, green chest pleated skirt, red with green waistband) 来给模特换装，如图 5-15 所示。

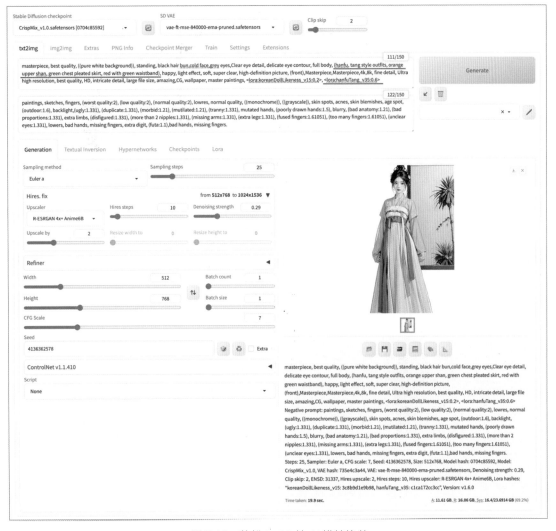

图 5-15　装扮 LoRA 给 AI 模特换装

生成的结果如图 5-16 所示。

图 5-16　换装结果 2

我们可以看到，装扮已经换为汉服了。

● **通过 Inpaint 给 AI 模特换装**

Inpaint 功能也可以用来给模特换装。我们继续在前面复刻的 AI 模特的基础上来尝试。在 PNG Info 功能页面，直接点击 Send to inpaint 就可以将提示词及参数信息同步到 Inpaint 功能模块中去，如图 5-17 所示。

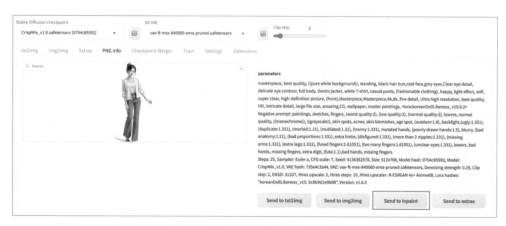

图 5-17　从 PNG Info 到 Inpaint

切换到图生图的 Inpaint 功能后，我们可以首先在模特的上衣部分涂上蒙版层，以便对这个部分进行重绘，然后调整关于着装的提示词，更换为 red T-shirt，此外，我们还可以适当调高 Denoising strength 参数增加重绘变化性，接着点击 Generate 按钮开始生成，如图 5-18 所示。

图 5-18　通过 Inpaint 给 AI 模特换装

生成的结果如图 5-19 所示。

图 5-19　换装结果 3

4. 控制 AI 模特姿势

在通过 AI 绘制人物形象的时候，控制人物的动作是非常常见的需求，这里使用 ControlNet 是一个很好的选择。我们可以基于一些已有图片，用 ControlNet 提取任务姿势，再引导 AI 生成对应的图片。

我们继续在前面复刻的 AI 模特的基础上来尝试。使用 PNG Info 的 Send to txt2img 切到文生图功能页面后，首先打开 ControlNet 面板，导入预期姿势引导图，然后选中 Enable，开启 ControlNet，接着选择 ControlNet 预处理器和模型，我们这里选择了 OpenPose 预处理器，只控制身体骨骼姿势，最后点击 Generate 按钮开始生成，如图 5-20 所示。

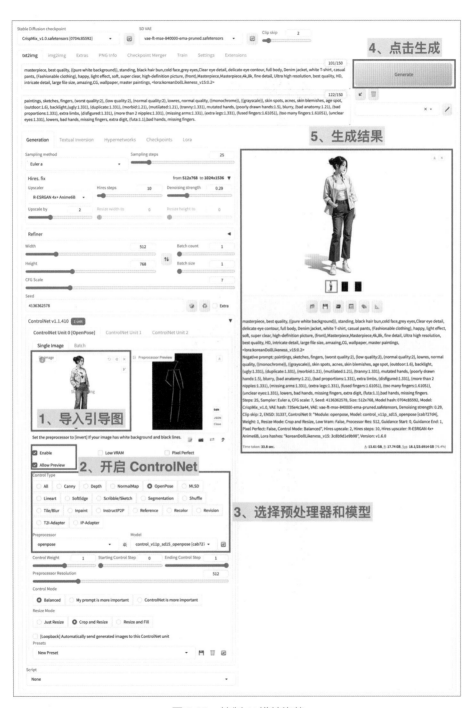

图 5-20　控制 AI 模特姿势

生成的结果如图 5-21 所示。

图 5-21　姿势调整结果

可以看到，生成的新图姿势保持了与引导图一致。

5.2 生成创意光影字

AI 可以用光影效果的方式，将文字隐藏在景物中，很酷也很有创意。图 5-22 是两幅 AI 光影字作品。

图 5-22 光影字作品

下面我们来介绍一下如何制作这样的光影字作品。

1. 制作文字底图

制作 AI 光影字的第一步是制作文字底图，作为 ControlNet 的引导图。Photoshop、PPT、美图秀秀等工具都可以用于文字底图的制作，这里就不多说了。需要注意，文字底图最好用**黑底白字**，这样比较适合作为 ControlNet 的引导图，如图 5-23 所示。

图 5-23　文字底图

2. 配置模型

文字底图做好了，接下来要做的是配置模型。

这里需要配置的模型是一个 ControlNet 类型的模型 lightingBasedPicture_v10，可以在 https:// huggingface.co/casque/lightingBasedPicture_v10/blob/main/lightingBasedPicture_v10.safetensors 下载 该模型，并将该模型放在 stable-diffusion-webui/extensions/sd-webui-controlnet/models 目录下。

3. 文生图配合 ControlNet 生成光影字

现在我们就可以使用 Stable Diffusion WebUI 来创作光影字了。首先，打开 ControlNet 面 板，导入已经制作好的文字底图，将其作为引导图，然后选中 Enable，开启 ControlNet。接着， 选择 ControlNet 预处理器和模型，这里的 Control Type 选择 All，预处理器（Preprocessor）选择 none，控制模型（Model）选择我们上面配置的 lightingBasedPicture_v10。下一步调整 Control

和 Ending Control Step 参数，这里将二者分别设置为 0.5 和 0.6，然后输入提示词，我们这里输入的很简单：masterpiece, best quality, highres, mountains。接下来，设置其他文生图参数，这里主要是生成图的分辨率，最好和 ControlNet 引导图的分辨率比例保持一致。最后点击 Generate 按钮开始生成，等待生成结果即可。步骤如图 5-24 所示。

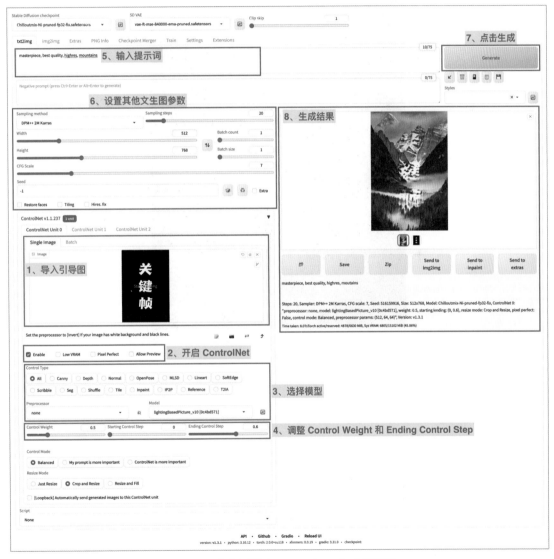

图 5-24　文生图配合 ControlNet 生成光影字

生成的结果如图 5-25 所示。

图 5-25　生成光影字

5.3　制作个性化二维码

二维码已经成为我们日常生活中不可或缺的一部分，是否想过创建一个属于自己的个性化二维码呢？下面展示一下如何使用 Stable Diffusion WebUI 来制作个性化二维码。

1. 配置模型

在开始制作二维码之前，我们需要下载和配置两个 ControlNet 模型：control_v1p_sd15_brightness 和 control_v1p_sd15_qrcode_monster。

❑ control_v1p_sd15_brightness 模型：可以给灰度图像上色或者给生成的图像重新着色，文件名称为 control_v1p_sd15_brightness.safetensors。

❑ control_v1p_sd15_qrcode_monster 模型：用于生成仍然可以扫描的创意二维码。这里包括两个文件：

- control_v1p_sd15_qrcode_monster.safetensors
- control_v1p_sd15_qrcode_monster.yaml

将这 3 个文件（control_v1p_sd15_brightness.safetensors、control_v1p_sd15_qrcode_monster.safetensors 和 control_v1p_sd15_qrcode_monster.yaml）移动到目录 stable-diffusion-webui/extensions/sd-webui-controlnet/models 下即可完成模型配置。

2. 二维码原图制作

二维码最好通过链接文本来生成，因为目前网上各种二维码生成工具生成的二维码图片的点阵不具有连续性，如果直接用这样的二维码图片来进行 AI 绘制，就必须在艺术性和可读性之间做取舍，要么扫不出来，要么不够好看。这里我们建议使用 Stable Diffusion WebUI 的 QR Toolkit 插件来制作二维码原图。

在 Stable Diffusion WebUI 中安装 QR Toolkit 插件流程很简单，打开 Extensions 栏下的 Install from URL，在 URL for extension's git repository 下的输入框中输入 https://github.com/antfu/sd-webui-qrcode-toolkit，点击 Install 按钮后等待安装成功即可，如图 5-26 所示。

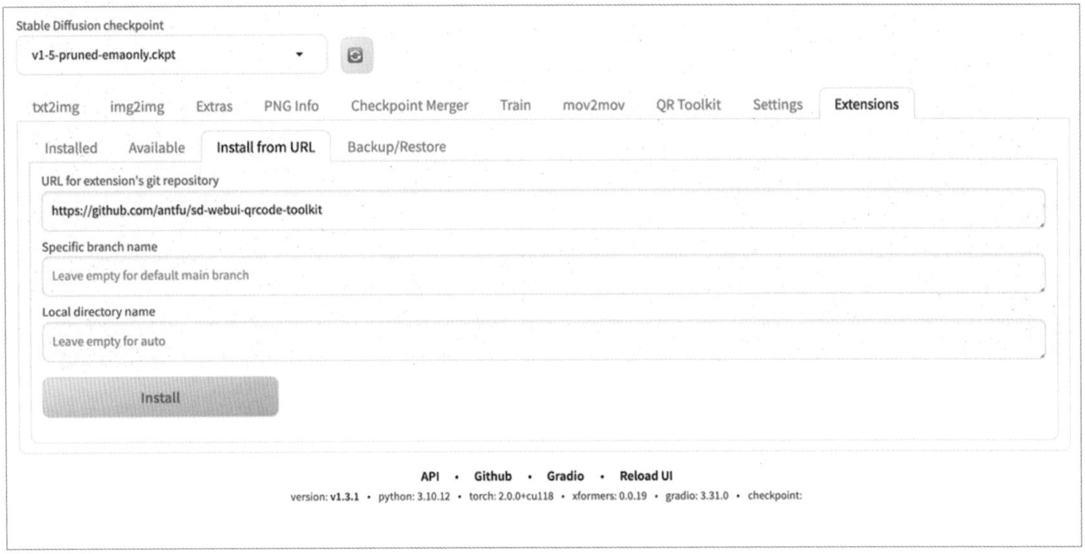

图 5-26　安装 QR Toolkit

安装完成后，重启 Stable Diffusion WebUI，QR Toolkit 界面如图 5-27 所示。

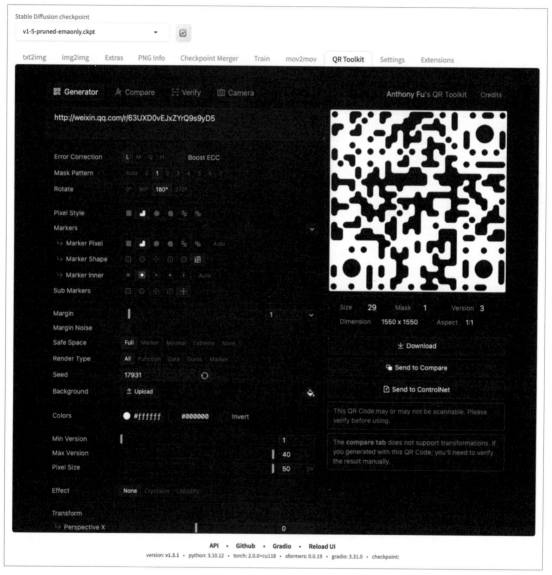

图 5-27　使用 QR Toolkit

这里面有很多参数可以控制生成二维码原图，其中需要注意：

❑ Error Correction 为容错率参数，设置得越低越好；

❑ Pixel Style 和 Marker 样式都选择心形，这样可以最大化保证点阵的连贯性。

3. 个性化二维码制作

制作完二维码原图，接下来我们就在它的基础上来生成个性化二维码。

由于制作个性化二维码依赖的模型都是 ControlNet 相关模型，所以文生图、图生图等多种方式均可以实现。以文生图为例，大致步骤如下：

(1) 在 txt2img 区域填写提示词以及基本配置信息；

(2) 通过 ControlNet Unit0，输入准备好的原图二维码；

(3) 选中 Enable 和 Pixel Perfect，开启 ControlNet 及完美像素匹配功能；

(4) 通过 Model 参数设置 control_v1p_sd15_qrcode_monster 模型；

(5) 通过 Control Weight、Starting Control Step、Ending Control Step 参数来配置模型权重以及开始、结束控制步数，其中 Control Weight 大小决定扫描成功率，越大越好；

(6) 通过 ControlNet Unit1 输入准备好的原图二维码；

(7) 选中 Enable 和 Pixel Perfect，开启 ControlNet 及完美像素匹配功能；

(8) 通过 Model 参数设置 control_v1p_sd15_brightness 模型；

(9) 设置 Control Weight、Starting Control Step、Ending Control Step 参数，这里 Control Weight 为 0.3，Starting Control Step 和 Ending Control Step 设置为 0.7 和 1.0，这两个参数控制长按识别成功率，代表 70% 开始执行这个模型，100% 结束；

(10) 点击 Generate 按钮开始生成任务。

也可以参考图 5-28 和图 5-29 中的简略说明，生成个性化二维码。

图 5-28 个性化二维码生成

图 5-29　个性化二维码生成

生成效果如图 5-30 所示。

图 5-30　个性化二维码结果

你可以用微信扫一扫关注我们。

说明：本书相关资料均可访问图灵社区（iTuring.cn）
本书主页下载。